JN106374

道具のブツリ

文・田中幸　結城千代子

絵・大塚文香

雷鳥社

まえがき

　みなさんは、ここに取り上げた道具のほとんどを、日々活用していることでしょう。しかしながら、それらの中に潜むブツリの法則など、ほとんど意識されたことはないでしょう。

　絶対音感をもった人が「耳にするすべての音が音階に聞こえる」といったりしますが、ブツリを生業とする人間にも似たところがあります。私たちのバックグラウンドを知らない方にはぎょっとされますし、異業種の家族、知人には「ああ、またか」と呆れられるので、口に出すことはめったにありません。けれども日々の生活の中で、慣性の法則だなあとか、弾性の限界超えたなあとか、ついつい思ってしまいます。私たちにとって、ブツリは仕事であり、趣味であり、物事を考えるときの道具でもあるのです。

　私の父は、指物師でした。いろいろなものを作っていましたが、かまどでご飯を炊くときに使う釜の木製のふた作りが主な収入源でした。昭和30年代になり、ガスや電気の炊飯器があらわれると、父は家業に早々に見切りをつけ、私が小学校に上がるころにはサラリーマンになっていました。それでも、日曜日には道具箱を広げ、ノミやカンナを研いだりして手入れを怠らず、時には人形ケース、包丁や小刀の鞘など、家の中のものを丁寧に削りだしていま

した。父の孫にあたる私の子どもたちには、学校の机に合わせた引き出しなどを作ってくれたものです。父の作るものは、たとえば小刀の鞘なら、すっとぴったりはまる、美しいものでした。

　ですから、私は道具といえば、父の道具箱を思い浮かべ、父のものづくりを、固唾を飲んで眺めていたころを思い出すのです。「理にかなったものは美しい」と意識することは、父から受け継いだ財産のようなものかもしれません。長じて、物事の理であるブツリを学ぶと、今度はその理の美しさに魅了されました。こうして、父との思い出からブツリの道に進み、このような本をわくわくしながら書くことに至ったのだと思います。

　ちなみに、もうひとりの著者の思いはあとがきにあります。

　著者がふたりというのは珍しく思われるようで、よく分担して書いているのかと聞かれますが、まさにふたりで書いています。始めにどちらかがざっと書き、あとはキャッチボールのように原稿をやり取りして仕上げていくのです。私たちは大学の同級生で、これまでブツリにまつわる本を書いてきました。「ママとサイエンス」と名づけた活動も行っています。活動の一環で毎月発行している『ふしぎしんぶ

ん』は200号を超えました。コロナ禍で中断している「科学あそび」も再開に向かっています。

　前著のワンダー・ラボラトリシリーズ（太郎次郎社エディタス）で、「音楽や美術を楽しむように物理を楽しんでもらいたい」とまえがきに書きましたが、その目的は達成されたようです。今度は、長い年月をかけて人の英知が集まってできた道具は、みごとにブツリの理にかなっていることをお伝えしたいと思い、パソコンに向かいました。

　タイトルを見て、物理じゃなくて「ブツリ」としているのはなぜだろうと不思議に思われた方もいらっしゃることと思います。私たちはこれまで、私たちがそうであるように、学問としての物理をもっと身近に気軽におしゃれに楽しんでいただくことを目的として本を書いてきました。この本はその集大成といえるかもしれません。ですから、肩の力を抜いていただくために、「ブツリ」とカタカナ表記にしています。

　この本は「ながす道具」「さす道具」「きる道具」「たもつ道具」「はこぶ道具」の5つの章から成っています。それぞれの章で5つの道具を取り上げているので、合計25個の道具とブツリの関わりを紹介する構成になっています。先に章のタイトルを

決め、そのタイトルから思い浮かんだ道具について書いたので、「きる道具」の中に「ざる」があるなど、思わぬ道具が選ばれていることもお楽しみください。

　今回の執筆で、「重さ」と「質量」の違いとか、私たち"ブツリ屋"が無意識のうちに当たり前と思っていることを、ひとつひとつ掘り起こし、これまでブツリに関心がなかった方にも分かっていただけるよう再構築する作業は、たいへんでした。しかしながら、いっぽうでああでもない、こうでもないと考えるのは幸せな時間でもありました。たとえば「遠心力」という力は実在する力ではなく、いわば仮想の力ですが、「遠心力がはたらいて……」というような巷にあふれるフレーズを、ブツリ屋としては見過ごすことができず、くどくどと説明してしまったことはご容赦いただきたいと思います。

　本書で紹介するすべての道具、ブツリの理論に共通しているのは、「理にかなったものは美しい」ということです。それでは、ブツリが織りなす美しい世界にご案内いたしましょう。

田中幸

もくじ

ながす道具

　宇宙でワインをこぼしたらどうなると思いますか？

　NASAが公開している実験映像では、こぼしたワインが丸い塊となってぷかぷか浮かぶ様子を見ることができます。重力がはたらく地球上では、ワインは下へと滴り落ちます。テーブルにぶつかれば水平に広がることでしょう。

　水などの液体や風などの気体、砂のような粒の集まりは「流体」とも呼ばれ、定まった形をもちません。ながす道具は、こうした流体をいかに思い通りに動かすかという工夫の産物です。なめらかに流すためのブツリをみていきましょう。

スプーン｜丸みを帯びたつ

——むかしむかし、喉が渇いた人々は手のひらをくぼませて、泉の水をすくい上げると、一気に口元に運びましたとさ——

　これがスプーンの原点ではないかと思います。スプーンの形は手のひらをくぼませたときの手と腕のシルエットによく似ています。いつからスプーンは今のような形状になったのでしょうか？

なめらかなスプーンの形

　スプーンの歴史をひも解くと、初めは必ずしも食事の道具ではありませんでした。古代エジプトの時代には、持ち手に乙女の像が彫り込まれた「化粧スプーン」と呼ばれるスプーンが登場しますが、化粧に使用された痕跡は見つかっておらず、おもに魔除けに使われていたのではないかと考えられています。「つぼ」と呼ばれるスプーンのくぼみの形も、古代エジプトの時代は四角く角張っていたり、極端に細長い楕円だったりとさまざまでした。スプーンが食卓に並ぶようになったのは、テーブルマナーが意識され始めた中世になってからのこと。富裕層のあいだで銀のスプーンが広まると、富の象徴として華やかな装飾が施されました。庶民がスプーンを使い始めるのは 17 〜 18 世紀ごろといわれます。

　食事の道具として使われるようになるとスプーン

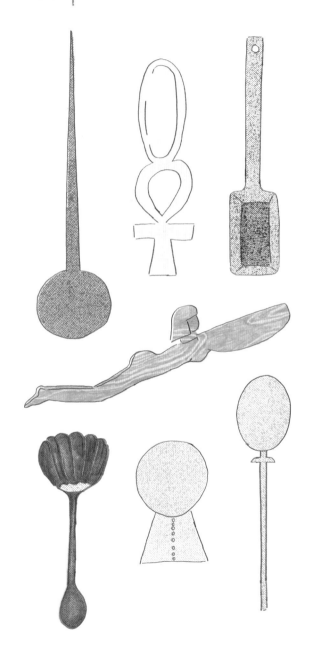

のつぼの形は、上から見ても横から見てもなめらかな「楕円形」や「卵形」が主流になっていきました。理由は明解で、その方がスープなどの食べ物を「すくいやすく、口の中に流し入れやすかった」からだといえます。では、なぜ角張っているよりも丸みを帯びている方が流し入れやすいのでしょう。

○と□、どちらが飲みやすい？

スプーンのつぼの形を「丸」と「四角」という単純な図形に置きかえて比べてみましょう。それぞれのつぼでスープを飲むとき、唇との接触点にどんな違いが生まれると思いますか？

下の絵をご覧ください。シンプルにするため唇は直線で表しています。

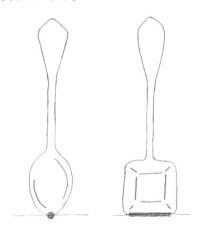

スプーンのつぼと唇の接触点の違い

丸いつぼのスプーンは唇との接触点が１点なので、一か所からスープが口の中へとすっと流れ込むことが分かります。というのも円は直線をもたない図形で、ほかの直線に接するときは必ず１点で接触するからです。

　いっぽう、四角いつぼのスプーンは１辺がまるまる唇と接しているため、広い範囲でスープが流れ込みます。丸いつぼに比べると、口の端からこぼれやすくなることが予想されますね。唇は直線ではありませんが、これに近い状況だと考えられるでしょう。

　おや、それならば、「辺ではなく角」から飲めばよいのでは？」と思う人もいるかもしれません。たしかに角から飲めば、唇との接点はひとつ。鋭い指摘です。しかし、いざ試してみると、これがなかなかうまくいきません。

　お酒が好きな人なら枡酒を飲んだことがあるでしょうか。枡の角に口をつけて飲むとき、ゆっくり傾けているはずなのに口元で勢いよく流れだして、こぼしそうになることがあります。もちろん底の深さも関係するのですが、角から飲むと流れが急になりやすいのです。その理由は立体にして考えるとよく分かります。

丸いつぼのスプーンの
断面は"平たい半円形"、
四角いつぼのスプーンの
断面は"逆三角形"

底の形が「勢い」を作る

　左の絵をご覧ください。吹き出しは、スプーンのつぼを真上からすっぱりと切り落とした断面図です。青色と赤色で示した部分はどちらもスプーンですくったスープをあらわしています。そのうちスプーンの表面と接しない（スプーンとの摩擦が影響しない）部分を赤く塗りつぶしています。こうしてみると、赤く示した部分の面積が大きく違っているのが分かりますね。この違いが口の中へ流れ込むときの「勢い」の差を生みだすのです。

　川の流れを想像してみてください[*]。川の上流は、下の絵のように断面が"逆三角形"になっていて、流れが速くなっています。下流にいくほど川底が削られて、上の絵のように断面が"平たい半円形"に近づいていき、ゆったりと流れます。それは下流にいくほど川底と接する面積が増えるので、摩擦によって水の勢いが削がれて穏やかになるからです。

　スプーンもこれと同じ現象が起きています。丸いつぼのスプーンの断面は"平たい半円形"で、川の下流のように底が浅く、スプーンの表面からの距離がどこも似たり寄ったりです。そのため摩擦の影響を等しく受けて、全体的に同じくらいのスピードで緩やかに流れます[*]。

いっぽう、角張ったスプーンの断面は"逆三角形"で、傾けると角を作る２つの斜面から液体が滑り落ちるように集まってきて、一気に量が増えます。とくに中央の流れはスプーンの表面とは触れ合わず、ほとんど摩擦の影響を受けません。その結果、スプーンを傾けると予想以上に勢いよく流れだすのです。

　もし、角張ったスプーンを傾けて、熱いスープが口の中にどっと流れ込んできたら、火傷するかもしれない……。こう想像してみたとき納得しました。やっぱりスプーンのつぼは、上から見ても横から見てもなめらかな「丸」でなくっちゃ！

　スプーンのような素朴な道具も、長い歴史の中で何度も使われていくうちに不要な部分が削ぎ落とされて、今の形状へと洗練されたと考えると感慨深いものです。

（註＊）小学校５年の理科の授業では「流れる水のはたらき」という学習をします。箱庭状にした地面に水を流し、水の流れで削れていく土の様子や水流の速さを観察します。流した後の地面の形を見ると、流れの速い上流の川底の断面は三角形に、ゆったりした下流の川底の断面は半円形に削られていることが分かります。

　（註＊）スプーンで水をすくって流せば、水はさらさらと流れます。そんな「さらさら」と流れる水にも粘り気があります。水の粘度は温度が高いほど小さくなります。20度の水の粘度を1とすると、35度では0.7、55度では0.57、100度では0.3という具合です。歳を重ねると、いろいろなものが飲み込みにくくなるのですが、薬を飲むときには冷水ではなく、ぬるま湯で飲んだ方がよいのは、そのためです。試しに、冷たい水とぬるま湯を飲み比べてみてください。冷たい水は爽やかですが、のどに張りつく感じが分かるでしょう。

COLUMN

平たいアイスクリームスプーン

　スプーンは「つぼ」と「持ち手」でできています。

熱いものでも安心してすくえるのは、持ち手があるおか

ただし、アルミニウムや銀でできたスプーンは、

現代のステンレス製に比べると、持ち手が熱かっただろ

それはステンレスよりも、アルミニウムや銀の方が熱を

　熱が伝わる現象のことを「熱伝導」（熱の伝わり

熱伝導とは、熱が温度の高い部分から低い部分へ伝わっ

一般に金属は熱を伝えやすいとされます。

（木は熱伝導率が低いからこそ、鉄でできたフライパン

　さて、この熱伝導をうまく使っているのが、アイスク

先の尖ったスプーンでも凍ったアイスクリームとなると

そこで力で無理やり削るのではなく、指先の熱や、部屋

冷たいアイスクリームを少しずつ溶かしてすくうという

アイスクリームスプーンには熱を伝えやすいアルミニウ

熱伝導がよいということは、熱しやすく冷めやすいとい

すくいあげたアイスによって金属製のスプーンはすぐに

アイスを冷たいまま口に運ぶことができます。

そして口内で温められたスプーンは再びアイスを溶かせ

　アイスクリームスプーンは、アイスクリームとの接触

そのため、すくったものを1点で流す先の尖った卵形の

1辺を確保するべく先端が平たい形をしています。

このように、目的によって道具の形は変わっていくので

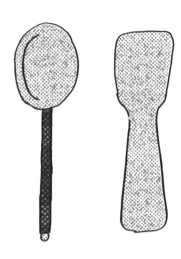

思います。

やすい物質だからです。

P205）といいます。

く現象のことです。

っ手に使われているのですね）

ムスプーンです。

立ちません。

度で温められた金属のスプーンで、

が考えられました。

よく使われます。

と。

されるので、

度に戻るのです。

を広げて熱を伝えやすくすることが狙いです。

ーンとは違って、

漏斗という道具をご存じでしょうか。一般には、化学のろ過などで使うガラス製の実験器具を「ろうと」、醤油やみりんを小瓶に移すときなどに使う道具を「じょうご」と呼ぶことが多いようです。

食料を貯蔵する巨大なサイロでも下の方は漏斗状になっていて、大量の材料をほどよい量で取りだすことができます。小さなものだと砂時計も漏斗の仲間です。さらに漏斗と材料のあいだに布や紙を挟めば「濾す」こともでき、ドリップ式コーヒーや油漉しに使われています。

漏斗は、円錐を逆さにしたような胴体に細い管が

ついたシンプルな道具です。そのシンプルさゆえに、さまざまな自然現象を見つけることができます。砂時計や醤油の移し替えの様子を観察しながら、道具のブツリに目を凝らしてみましょう。

滑り落ちる逆さの円錐形

漏斗のしくみに似たものは自然界でも見ることができます。たとえば、アリジ

ゴクの巣穴。ひと月ほどの儚い命であるウスバカゲロウは、幼虫時代にアリジゴクとして砂地にくぼみを作って、二年ほど穴の底でじっと餌を待ちます。入り口が広く、底にいくほど狭くなる巣穴は、まさに漏斗と同じ"逆さの円錐形"。一度アリジゴクに落ちた生き物は、這い上がろうともがくたびに斜面の土が崩れて、下へ下へと滑り落ちていきます。

　そもそも「滑り落ちる」とは、どういうことでしょう。斜面にものを置くと、ずりずりと下に向かって引っぱられていきますね。それは地上にあるすべてのものには、地球がその中心方向にものを引く力、すなわち「重力」がはたらいているからです。なんだ、重力かと思ったみなさん。この力の存在を侮ることなかれ！

　もしも重力がなかったら、私たちが地上に立つことも、机の上にものをひょいと置くことも、蛇口から水が滴り落ちることもありません。自動車が地面の上を走り続けられるのも、ダムに水が溜まっていくのも、地球に大気が存在するのも、すべてはこの力のおかげ。むろん道具のブツリだって重力の話なくしては語れません。ということで、まずは重力の話から始めることにしましょう。

ニュートンが発見した万有引力

　古代ギリシャの時代から、地面がものを引きつける力の存在は知られていました。ただし、それは現在の重力の考えとはずいぶん違って、ものの重さはものの「内在的な性質」で決まるとされました。たとえば、石は"土"でできているので羽根よりも地面に強く引きつけられるのだ、と考えられたのです。ここでいう"土"とは、ものの性質を表す抽象的な概念であり、実在する土ではありません。当時はまだ地球がひとつの丸い惑星だということは知られていませんでした。

　やがて天体の研究が進み、どうやら地球は"平ら"ではなく"丸い"らしいことが分かってくると、今度は「地球を中心に太陽や星が回っているのか」それとも「太陽の周りを地球が回っているのか」という議論が活発になっていきました。このころから重力の存在が考えられるようになり、ものが落ちるのは地球に引く力があるからだとして、ものが落下する動きを熱心に観察するようになります。

　研究が成熟してきた17世紀には、当時学生であったアイザック・ニュートン*が「地球の重力は地上のものだけではなく、月にもはたらいている」と着想します。さらに彼は「すべてのものともののあ

いだには、それぞれが互いに引き合う力が存在しているのだ」と考え直して、最終的にこれを「万有引力の法則」としてまとめあげました。

　ニュートンは、引力の大きさは「ものの内在的な性質」ではなく「ものの外在的な性質」で決まると考えました。彼が示した外在的な性質とは、羽根は動かしやすく石は動かしにくいといった「ものの動きにくさ」のことです。ニュートンはこのようなものの性質で「質量」の大きさを決め、質量が大きいものほど「重い」としたのです。

　地球と私たちのあいだにも、私たち同士のあいだにも万有引力は存在しています。しかし、地球の質量があまりに大きすぎるために、ものは地球の中心へと一方的に引きつけられていきます。私と鉛筆や、私と自動車のあいだにはたらく引力は小さすぎて、ほとんど感じられません。そのため、私たちは日々、地球に引っぱられる力である重力＊しかはたらいていないかのように感じているのです。

重力をとことん利用する

　斜面に囲まれた構造の中のものは、もれなく地球の重力に引っぱられて滑り落ちていきます。私たちやアリジゴクは自然の力を使って「ものを下に落とす」という目的を達成しているわけなのです。

では、これらの現象はまったく同じなのかという
と、少し違います。ふたつの違いをたとえるなら、
アリジゴクの巣穴は滑り台をひとり、またひとりと
順番に滑る子どものように、それぞれの砂の粒が単
独で動きます。いっぽう、漏斗の中の砂は、滑り台
を子どもたちが手を繋いだり膝に乗ったりして数人
ひとかたまりになった状態で滑るように動くイメー
ジです。さらに、そのすぐ後ろから同じような子ど
もたちが次々に押し寄せてきて、滑り台が長い列で
埋まっている状態を想像してみてください。こうな
るともう単独では動けません。このように、漏斗が

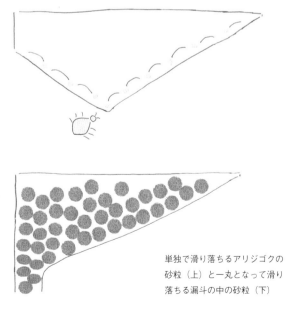

単独で滑り落ちるアリジゴクの
砂粒（上）と一丸となって滑り
落ちる漏斗の中の砂粒（下）

満たされた状態というのは、材料全体が一丸となって動く不自由な状態です。

　また、滑り台は斜面になっているので列の前にいくほど後ろの子どもたちの体重がかかります。先頭の子が受ける圧力は計りしれませんね。これと同じように漏斗いっぱいに水を入れると、底には最も大きな「圧力」がかかります。圧力とは、1平方メートルあたりの平面にかかる力のことです。水の圧力は「水圧」といい、深くなるほど水の重さも増すので水圧は大きくなります。

　漏斗の底にかかる圧力はこれだけではありません。地球を取りまく大気（空気）にも「大気圧」があります。気体にも小さいながらに質量があるので、地表に近づくほど上空の大気の重さが加わって大気圧は大きくなるのです。大気圧は空気が触れているものすべてにはたらくので、当然水面にもかかります。漏斗の中の水は、水そのものの重さだけでなく、水深による水圧と水面を押す大気圧によって、下へ下へと押し下げられていくというわけです。こうしてみると、漏斗ほど重力をとことん利用した道具は、ほかにないのではないでしょうか。

　余談ですが、漏斗の中の水が残り少なくなったときにあらわれる、美しい現象があります。渦です。水の量が減って水面の表面積が小さくなると、水圧

や大気圧の力が弱まります。さらに漏斗と水が接するところでは摩擦の影響が増すため、徐々に中心と縁とのあいだで流れる速度に差が生まれてきます。こうして、ねじれた流れが生まれ渦が起こるのです。鳴門の渦潮、人工衛星から見た台風、いずれも渦ですね。竜巻の仲間には「漏斗雲」と呼ばれる雲もあります。よい名前だと思います。

（註*）ニュートンの功績が今でも称えられるのは、万有引力が生じる原因を問わなかったことにあるといわれています。それまではなにか新しい考えや法則が唱えられると、人々はその原因を追究するあまり、架空の物事を並べてまで説明のつく"理屈"を探し続けました。原因はこれだ、いやそんなはずはない、と答えのでない議論を続けることで、せっかく発見した考えや法則を活用するまでに時間がかかっていました。

　そうした中、ニュートンは実証できない原因を探すよりも、その法則が使えれば十分であるとしました。つまり、なぜ万有引力がはたらくかは分からないが、それは神の思し召しということでよいから、われわれ人間は、この法則を使ってさまざまな運動や現象を説明してみようと考えた。この姿勢こそが彼が近代物理学の発展を導いたといわれる所以です。

（註‡）厳密には、重力とは「地上の物体にはたらく万有引力」と「地球の自転による遠心力」を合わせた力です。

COLUMN

コーヒーを美味しく淹れるためのアリ

　よくドリップ式コーヒーの美味しい淹れ方として
「中央に"の"の字を描くように、ゆっくりお湯をたらし
なぜ、縁から円を描いてお湯を注ぐよりも、中央の1点

　コーヒーを淹れるときは、最初にお湯を少し注いで粉
このときドリッパーの中を覗くと、粉がゆっくりと層を
小さな粉は密度が高いので沈みやすく、ドリッパーの側
大きい粒になるほど気泡を含むので中央に浮いてきます。

　最初のお湯が抜けていくころには、縁の方の粉はフィ
摩擦によって留まり、中央の粉はそのまま底へと沈んで
やがて中心がくぼんだ"アリジゴク"があらわれます。
こうしてフィルターの表面にほぼ均一な厚さの層ができ
この均質な粉の層を2回目以降に注ぐお湯がゆっくり通
しっかり濾された雑味のない抽出ができます。
層が均一でないと、お湯の通過に偏りが生じて渋み、
苦みといった雑味が出てしまうそうです。

　つまり、縁にお湯をかけないのは、
せっかくの均一な粉の層を壊してしまうから。
お湯をゆっくり注ぎ続けて一定量より減らさないのは、
水面が下がりすぎると砂時計の最後のように中央の流れ
周辺の粉が削り取られて層が薄くなってしまい、
けっきょく雑味まで流しだしてしまうからです。
ドリップ式コーヒーを抽出するコツも、漏斗のブツリを

ク

らしましょう」といわれます。

湯をたらし続けるほうがよいのでしょうか。

らませ、抽出に不要な気体をなるべく外に追いだします。

ていくのが観察できます。

底に厚く溜まるいっぽう、

ーとの

ので、

です。

ていくことで、

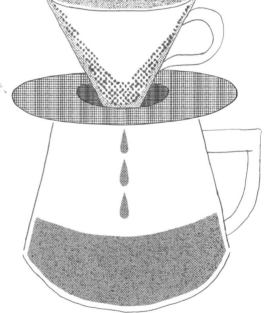

になって、

く活用するところにあったのですね。

シャワー │ 勢いのある水流

　旅先でホテルに泊まったときにシャワーの出が悪いと苦労します。海外ではお湯がまともに出る方が少ないのではないかと思うことも多く、汗だくの夏や極寒の冬は泣きたくなってきます。ふだん当たり前に出るシャワーの水ですが、これも水圧を利用した立派なブツリの知恵によるもの。勢いのある水の流れを作りだす方法を考えてみることにしましょう。

水を勢いよく流す方法

　「水は低きに流れる」といいます。高低差を利用すれば、ある程度の勢いで水を流すことができます。これは重力をうまく利用した方法です。

　紀元前700年ごろの古代メソポタミアには、すでに「水道」と呼べる高度な給水システムをもつ都市*がありました。イタリアでは紀元前後に何百年もかけて11本もの水路が作られ、全長350キロメートルにおよぶ長大なローマ水道が建設されました。日本でも、江戸時代に多摩川の水が玉川上水によって江戸まで供給されていたことは有名な話です。これらの水道は1キロメートルあたり30〜40センチメートル程度の勾配、つまり緩やかな下り坂を作って自然に水を流しています。滝やダムのように高低差を大きくするほど、さらに水の勢いを増すことができます。

圧力をかけて押し流す

　高低差以外にも水を流す方法があります。ぐっと圧力をかけて押し流せばよいのです。たとえば水深1メートルの場所では、1万パスカル＊の水圧がかかっています。ずいぶん大きい数字に思えるかもしれませんが、一般遊泳用のプールの水深が1.2メートル程度なのでプールの底で感じる圧力と同じくらいと考えれば、それほどでもない気がしますね。水にも水の重さ分の重力がはたらくので、深く潜るほど水の重さを受けることになり、かかる水圧も増します。

　水圧をうまく使っている道具といえば、園芸用のじょうろです。よく観察すると、水の通り道であるノズルが容器の底近くから突き出ています。水をいっぱい入れたじょうろの底は水圧が高い状態なので、この圧力を使って底近くの水を力強く押して勢いのある水流を作りだしているのです。

　じょうろを傾けると、水は綺麗なカーブを描いて遠くまで飛びます。しかし、だんだんと容器の中の水が減って水圧が小さくなると、噴水する勢いも弱まり、ちょろちょろと下向きに滴るようになります。このように、じょうろのしくみは容器内の水の量によって水圧が変わってしまいます。水圧を一定に保つ方法はないのでしょうか。

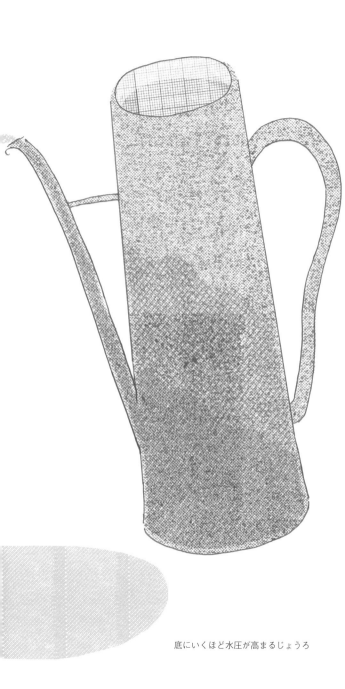

底にいくほど水圧が高まるじょうろ

圧縮して水圧を保つポンプ

　底が深くなくても高い水圧を保つことができるようにと考えられたのが、ポンプを使って水を圧縮する方法です。水などの液体や、空気などの気体は、分子の密度が小さく隙間が空いている状態のため、押して縮めることができます。この性質のことを「圧縮性」といいます。

　では、ここで質問です。水と空気はどちらの方が圧縮しやすいと思いますか？

　小学校の理科の授業でそれを確かめる実験をおこなうのですが、覚えているでしょうか。２本の注射器にそれぞれ空気と水を入れ、指で注射器の口を押さえたままピストンを押し、どのくらい押し縮められるかを調べる実験です。実際に比べてみると、体積変化は空気の方が大きく、水はほとんど押し縮めることができません。それは液体よりも気体の方が分子の密度が小さくスカスカな状態だからです。ピストンによって圧縮された水は、水圧が高い状態のため、注射器の口を押えた指を離すと水は勢いよく外へと飛びだします。

　現代の日本の水道はこの性質を使って配水をしています。高層ビルなどでは、給水ポンプを用いて四六時中計算された量の水を圧縮した状態で押しだ

し、各家庭に届けているのです。水道の水圧はだいたい30万パスカル*で安定しています。深さ30メートルの水中で感じる圧力と同じくらいと考えると、けっこうな力がかかっていることが分かりますね。

　家の中の蛇口はすべて水道管でつながっていて、水道管にかかる水圧はどこも同じです。そのため家のどの蛇口をひねっても、開いたとたん同じような勢いで水が流れだすのです。

小さな穴でもっと遠くへ！

　ところで、水道の蛇口から流れる水にはシャワーほどの勢いを感じません。シャワーの方が水圧を強く感じる理由は、シャワーヘッドにある無数の穴にあります。たとえば、ホースの口を指でつぶすとプシューっと勢いよく見事な放物線を描いて遠くまで水が飛んでいきますね。これと同じで出口を小さくするほど水はよく飛びます。

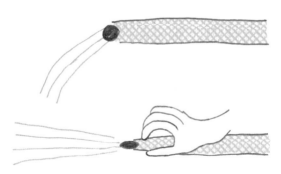

ホースの口を狭めると水はより遠くに飛ぶ

34

なぜ、出口を狭めると水は勢いよく飛んでいくのでしょうか。密閉された水道管やホースの中では、水圧を受けた水がどこにも飛びだすことができず、内側から管壁をぐいぐいと押しています。たとえるなら、朝の通勤ラッシュで乗客を車両にぎゅうぎゅうに押し込み、無理やり扉を閉じたときの満員電車のようなものです。このように水圧が高まった状態で蛇口を開くと、自由になった水は一気に外へと飛びだします。このとき出口が極端に小さいと、外に飛びだせる水の流れと、行く手をはばまれて身動きがとれない水の流れが生まれます。そして、逃げ場のない水が部分的に圧縮されるためにさらに水圧が増すのです。その結果、外に飛びだせる水の流れは大きな水圧で押されて、勢いよく飛びだすことになります。

　シャワーヘッドの穴の直径はつぶしたホースよりもさらに小さく、ひとつの穴から飛びだす水の量もはるかに少量なので、その分よく飛びます。

　では、実際のところ、シャワーの水はどのくらいの勢いで飛ぶのでしょう。シャワーヘッドを立てて水平に水を飛ばすと最初は勢いよく前方に向かって飛びだしますが、徐々に重力に引かれて落下します。始めの勢いが大きいほど飛距離が長くなり、最終的にどこまで離れた位置に届くかは、シャワーヘッド

の位置（高さ）と、シャワーの初速で決まります。

　試しに我が家のシャワーヘッドを立てて水をまっすぐ前に飛ばしてみたら、３メートルくらい先までゆうに届きました。このときのシャワーの水は、概算すると、ホースの口からジョボジョボ滴り落ちているときの30倍もの速さで飛んでいることになります。時速にすれば15キロメートル以上。シャワーの水の勢いがママチャリの平均速度と同じくらいとはちょっと意外でした。無数の細かい水の粒はこんな速さで肌にぶつかっていたのですね。

（註*）アッシリア帝国の首都ニネヴェ

（註：）パスカル（Pa）は圧力の単位で、１平方メートルあたりに１ニュートンの力がはたらくときの圧力が１パスカルです。ちなみに大気圧は１気圧が1013ヘクトパスカル（hPa）で、約10万パスカルに相当します。火災時の消防士の放水は二階建ての家を越える勢いでカーブを描いて飛びます。消防ポンプの種類によって大きく違うとはいえ、このときホースには10万パスカル程度の水圧がかかっています。

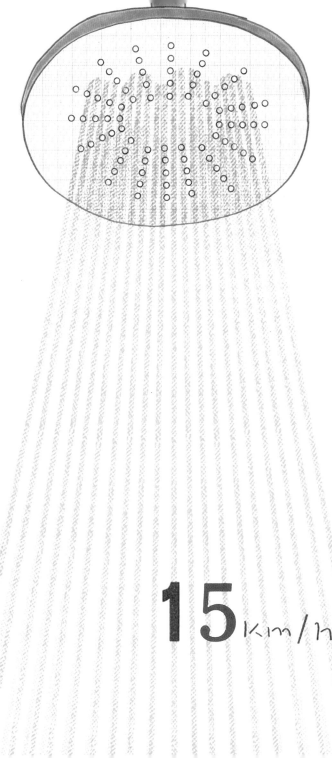

15 km/h

COLUMN

まあるい水滴になる理由

　シャワーヘッドから飛びだす水の流れは瞬く間に「
パラパラと体に心地よくあたります。

雨粒のように少量の水がすぐに水滴になるのは、なぜで

これは水分子が構造上、互いに手をつなぎやすい性質を

たとえば、水と牛乳を同じ容器に入れるとすぐに混ざっ

　では、水と空気ではどうでしょうか。

コップに注いだ水の表面と空気の境界面ははっきりして

混じることはありません。机にこぼれた水も同じで、

いつまでたっても水は水、空気は空気のままです。

このときの水の表面は水だけで互いに

しっかり引き合って離れまいとしています。

水分子がスクラムを組んで、ほかのものをはじきだして

「表面張力（ひょうめんちょうりょく）」といいます。

　　シャワーから飛びだした水は落下の勢いで

ちぎれてばらばらになりますが、

水分子は表面張力で離れまいとすぐに互いに手をつなぎ、

ひとつにまとまります。このとき最も安定する形が、

同じ体積あたりでは最も小さい表面積となる「球」です。

　　シャワーでは、空気に触れた水が一瞬のうちに"丸く"

水滴となって次々に肌にあたるので心地よい刺激となる

」になり、

う。

ているためです。

界面がなくなります。

、

現象を

まり、

です。

扇風機 | 空気を集めて風を

　宇宙から見た地球の写真には、地球を取り巻く大気*が写っています。青色の海の上に薄いヴェールのようにかぶさっている水色の膜が大気です。外から見るとその存在がよく分かりますね。

　地上でも大気を感じる瞬間があります。それは風を浴びるときです。大気のない月で風は起こりません。自然の風は心地よいものですが、望んだタイミングで吹いてくれるとは限りません。人類は「風」を手に入れるべく、団扇や扇風機などの風を送る道具を生みだしました。ここでは目に見えない空気と風を操る方法を考えてみましょう。

風はどのようにして生まれる？

　一方向へ流れるまとまった空気の移動のことを「風」といいます。風はおもに温度の違いや気圧差によって生まれます。

　たとえば日差しで地面が温められると、地表近くの空気分子は動きが活発になって広い範囲を飛び回り始めます。そのため同じ体積で比べると温かい空気は冷たい空気よりも分子の数が減って軽くなり、まるでヘリウム風船が空高く浮かび上がるように、冷たい空気の中で上昇していくのです。そして温かい空気がもとあった場所にはすかさず周りの冷たい空気が流れ込みます。この流れが風の正体です。

温められた空気は空気分子の動きが活発になり、
冷たい空気の方に移動する

　気圧の違いでも風は起こります。私たちの周りは
空気で満ちていて、海抜0メートルでは、頭上に1
平方メートルあたり約10トンもの空気があります。
日ごろ私たちの体はけっこうな圧力で押されている
のですが、意識することはほとんどありません。お
そらく海底の魚も水圧を感じることはないでしょう。
　地球の大気は常に動いていて、空気の密度が濃い
ところもあれば薄いところもあります。空気が濃い
というのは、空気中の分子が密になっている状態の
こと。分子の数が多いと分子が押す力である気圧も
高くなります。空気の分子は密度が濃いところから
薄いところへ動くため、空気は高気圧から低気圧へ
と移動し＊、その流れが風となるのです。

空気は空気分子の密度が濃いところから薄いところへ移動する

込み合っている場所から空いている場所へと移動するのは、人も空気分子も同じなのですね。

手軽な風の作り方

では、風を作りたいときは、どうすればよいでしょう。最も手軽な方法は「その場にある空気を押す」ことです。バースデーケーキの蝋燭の火を消すときには、肺に溜めた空気を口から思いっきり吐きだして「風」を起こすでしょう。このように"袋に空気を溜めて一気に押しだす"方法がひとつです。

袋に溜めた空気を押しだすために作られたのが、ふいごという道具です。ふいごは、火元に風（酸素）を送って火力を高める、火起こしの道具として古くから使われました。両手で開いたり閉じたりする小さな道具から、蹈鞴のように大勢の人が踏んで動かす大きな装置まであり、基本的には袋や箱の体積を押し縮めることで中の空気を外に送りだす構造になっています。パイプオルガンやアコーディオンなどの楽器も、口の代わりにふいごのしくみを使って空気を送って音を鳴らしています。

ほかにも、風で木の葉が揺れたり旗がなびいたりすることから、その逆の発想で"平らな面

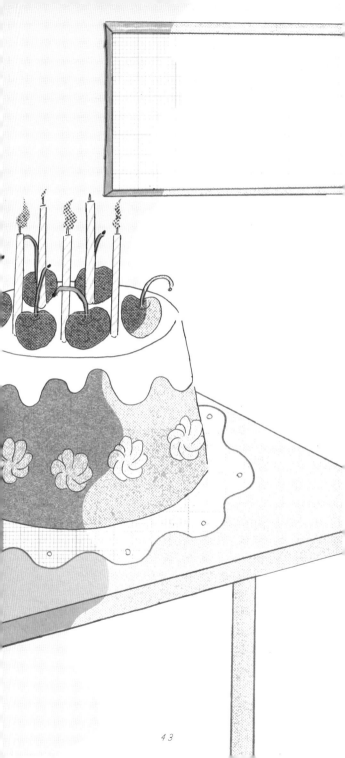

を上下左右に動かして風を起こす”方法があります。このような風の作り方を「扇ぐ」といいますね。小学生が汗だくの友達を下敷きでパタパタ、大人は優雅に扇子をゆらゆら、鰻や焼き鳥を焼く風景にはうちわが欠かせません。

効率よく風を生み出す形

　ところで、うちわや扇子のように周りの空気を平らな面で押し続けるのは、なかなか「空気の抵抗」が大きいと感じませんか。空気の抵抗とはいったい何でしょう。

　ものには「固体」「液体」「気体」という３つの状態があります。かっちりと形を保っている固体と違って、液体と気体は定まった形をもちません。たとえば、水はどんな容器に入れても形を変えておさまり、床に落ちれば自由に広がったりもします。このように形をもたない液体や気体は、川の流れのように動いている状態では「流体」とも呼ばれます。風は空気の流れであり、流体の仲間です。

　流体の動きはとても複雑なのですが、ひとつシンプルな特徴があります。それは「直進する流れが、流れを妨げるものに当たるとその流れが乱され、流れを妨げたものは思わぬ向きに力を受ける」というものです。たとえば、川の流れを遮るように石を置

くと、石は川の流れをせき止めて乱します。乱れた川の流れは石をいろいろな方向から押し、石は思わぬ向きに力を受けることになります。これが「水の抵抗」です。

　空気の流れもこれと同じで何かに邪魔をされると、邪魔したものをぐいぐいと押します。新幹線のように高速で移動する乗り物は、それだけ空気の抵抗を受けることになります。そこで新幹線の先頭車両はなめらかなカーブを作って、空気の抵抗をうまく逃がしています。扇風機の羽根もよく見ると、片端が斜め前に立ち上がるような形でカーブしています。竹とんぼや風車の羽根も同じです。カーブをつけることで空気の抵抗をうまく逃がしながら、空気を前に押しだしているのです。

　では、「平らな面」と「カーブをつけた面」では、空気の抵抗はどのように違うのでしょうか。空気は目に見えないので、代わりにお風呂でお湯の動きを観察してみることにしましょう。

　まずは、指をぴんと伸ばしたまま、手のひらでお湯を手前にかき寄せてみてください。お湯が前に押し寄せると同時に、手の甲側は瞬間的に水が減って、周りのお湯がすかさず流れ込んできます。手のひらをもとの位置に戻そうとすると、このお湯の流れとぶつかって手の甲に抵抗を感じるはずです。

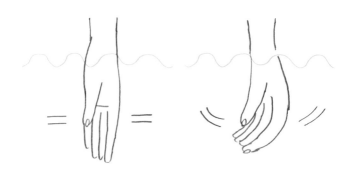

　次に、手のひらを少しくぼませた状態で、手首を
しならせながら、ふわりとお湯をかき寄せてみてく
ださい。先ほどより抵抗が少なくなり、たくさんの
お湯が自分に打ち寄せてくると思います。

　前者がうちわなら、後者は扇風機の羽根のイメー
ジです。このように扇風機はカーブした羽根を回転
させることで、周囲の空気を中心へと効率よくかき
集めて前に流しているのです。空気が前に押しださ
れると、その付近は空気が減って気圧が下がり、そ
こへ周囲の空気が流れ込みます。その空気をまた前
に押しだすと周りの空気が流れ込み…という具合に
連続して風を送ることができるのです。つまり、扇
風機はなめらかなカーブをつけた羽根で効率よく空
気をかき集めて前に押しだし、さらに気圧の差を作
って次から次へと風を送る装置というわけです。エ
アコンが普及した今でも心地よい風を送る扇風機が、
人気な理由が分かる気がしますね。

微かな風を成長させるカーブ

　こうしてみると、扇風機にとっていかに「羽根」が重要な存在かが分かります。しかし、最近では羽根をもたないユニークな扇風機も登場しています。たとえば、ダイソン社が開発した空気洗浄ファンヒーター。本来あるはずの羽根が１枚もないばかりか、ドーナツのように真ん中が空いています。風を起こすための羽根がないのに、風はどこからやってくるのでしょう。

　実は見える場所についていないだけで、土台の中ではちゃんと羽根が回っています。なんだ、羽根はあるじゃないか、と思われるかもしれませんが、土台の中におさまる程度の小さな羽根では、私たちが涼しいと感じる強さの風を発生させることはできません。あくまで小さな羽根は真上に向かって微かな風を送っているにすぎないのです。

　では、どのようにして扇風機たる風力を作りだしているのかというと、その秘密は風が噴出しているミリ単位の吹出口の内部構造にあります。隙間を覗きこむと、内部の壁が吹出口に向けて、わずかに外に開くようにカーブしています。え、それだけ？と思うかもしれませんが、この程度のカーブで噴きだす空気の威力はまったく変わってくるのです。

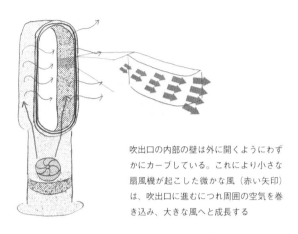

吹出口の内部の壁は外に開くようにわずかにカーブしている。これにより小さな扇風機が起こした微かな風（赤い矢印）は、吹出口に進むにつれ周囲の空気を巻き込み、大きな風へと成長する

　小さな扇風機が起こした微かな風は、噴きだした瞬間に生じる気圧差で吹出口内部の壁に押しつけられます。はじめこそ微かな風ですが、吹出口に向かって進むにつれて、周りの空気を次々と巻き込んで大きくなっていきます。これは流体がもつ「粘性[ねんせい]」という性質によるもの。粘性の強い液体といえば、代表的なものにハチミツがありますが、空気や水にも少ないながらも粘性があります。小さな風は、吹出口までのわずかなカーブに沿って進むあいだに粘性によってどんどん周りの空気を巻き込み、最終的には私たちが涼しいと感じるほどの大きな風へと成長していくのです。このような小さな流れが空気の粘性で増幅する現象を「コアンダ効果」と呼びます。飛行機の離陸時や火災現場で起こる気流などでも、このような風の増幅が生じることが知られています。

風は地球に空気があってこその自然現象です。人間は火を手に入れた動物といわれますが、空気の存在を知り、風を操る方法も獲得してきました。現在、コンピューターの性能が上がるとともに、つかみどころのない風の細かな動きも解明されつつあります。シミュレーションを使って、流体の条件をいろいろと変えてみることで、最適なカーブを見つけることができるようにもなりました。これまで以上に正確に予測可能な、風を操る時代がすぐそこまでやってきているのです。

（註*）窒素や酸素、アルゴン、二酸化炭素などの気体分子の混合体で、重力によって地球に引きつけられて上空100キロメートルの範囲に広がっています。

　（註†）天気図には「高」と「低」の文字があり、それぞれ高気圧、低気圧を示しています。高気圧は周囲よりも気圧が高い空気のかたまり、低気圧は周囲よりも低い空気のかたまりです。低気圧の場合は、気圧が低いため周囲から空気が流れ込みますが、地面や海面には潜れないので上に向かうしかなく、海上では水分を含んだ上昇気流となり、上空で冷やされ雨になります。それで、雨が降る前には風が強くなることが多いのです。台風の定義は複雑なのですが、強力な低気圧ととらえて間違いはありません。

　（註‡）流体は空気や水の分子の集まり（18ccの水に含まれる水分子は600,000,000,000,000,000,000,000個ほど）ですから、その動きは複雑にならざるをえません。力を加えてものを動かすとき、固体なら構成しているすべての原子や分子が同じ方向に同じ速さで動きます。けれども流体は個々の分子がてんでばらばらな動きをします。流体の中に固体をおくと、固体にぶつかって進行方向を変えたり遮られたり、また固体がなくなって自由に動けるようになったりという具合に、流体中の分子の密度や速度は刻一刻と変わります。

ワイングラス | 流速と香り

―ふっくらと丸みを帯び、口のすぼまったグラスに、半量に満たないほどの液体を注ぎ、グラスをくるりと回しながら"至福の時"を味わう―

　…どうですか、なかなか趣深い表現でしょう？ここで触れたのはすべて、ワインを美味しく味わうために設計されたワイングラスの特徴です。ワインのお供に、グラスに隠れた物理法則をいくつかつまんでみることにしましょう。

ワインのためのグラスの形

　ワインの歴史は古く、その起源は紀元前6000年ごろのコーカサス地域（現在のアルメニア、ジョージアあたり）まで遡ることができるといわれています。古代ギリシャで神聖なものとされたワインは、古代ローマで急速に醸造技術が磨かれ、キリスト教の普及とともにヨーロッパ全土に広がりました。こうしてみると、発展の場所も過程も重なり合うワインの歴史と科学史はまるで兄弟のようです。

　古代ローマの食卓やキリスト教の聖餐式では、ワインは銀やガラスの器に注がれていました。現在のレストランで見かけるような、ふくらみのあるボウルと足がついたワイングラスが登場したのは、20世紀後半になってからのこと。この形は、ブドウの品種や産地、醸造方法により味や香りが大きく異な

口の広いボルドー型のワイングラス

るワインの特徴を引きだせるようにとオーストリア
のリーデル社が設計したものです。

　一般に赤ワイン用のグラスは、ボウルの体積が大
きいのが特徴です。これはワインと空気の接触面積
を増やすことで、よりまろやかな味にするためだと
いいます。赤ワインは赤ぶどうの果皮や種子ごと醸
すので、渋みのもとであるタンニンが多く含まれて
います。タンニンは酸素と結合しやすい物質で、酸
化すれば性質が変わって渋みがなくなります。赤ワ
イン用のグラスは、ワインを空気中の酸素となるべ
く接触させることで、タンニンを変化させて渋みを
和らげようと狙った形なのです。

グラスのふくらみで流速を変える

　さらにグラスの形でワインの流速をコントロール
し、味の感じ方を変えようとする試みもされました。
というのも、現在のワイングラスが誕生した20世
紀ごろまで味覚はそれぞれ、甘みは舌先、酸味は舌
の両脇、苦みは舌根で感じられると考えられ、ワイ
ングラスもこれを意識してデザインされました。

　たとえば、同じ赤ワインであっても、苦みが特徴
の円熟した赤ワインには大ぶりのボルドー型がすす
められます。口の広いグラスでワインをゆっくりと
流し、酸味を感じやすい舌の両脇にもしっかり触れ

口のすぼまったブルゴーニュ型のワイングラス

させることで、渋みを和らげることができると考えられました。

　いっぽう、酸味が特徴の赤ワインには、口のすぼまったブルゴーニュ型がよいとされました。ブルゴーニュ型は、ボウルのふくらみに対して口が狭い（ボウルの直径と口径の差が大きい）ため、グラスを大きく傾けないと飲めません。こうしてワインを甘みや苦みを感じやすい舌先から喉の奥へすっと流すことで、酸味を感じやすい舌の両脇を避けるように設計されたのです。冷感を重視する白ワインの場合も、早めに飲めるように小ぶりや細身のグラスがよく使われています。

　ところが、21世紀になると、舌や口内奥に分布する「味蕾（みらい）」と呼ばれる小さな器官が五味を感じていることが判明しました。つまり、酸味や甘味などのそれぞれの味覚は舌の特定の部分で感じられるのではなく、舌の全領域ですべての味を感じていたことが分かってきたのです。ただ、機能としては舌全体で感じられても認識するのは脳です。舌の部分によって味を感じる限界に差があるとの報告もあり、味覚のメカニズムはまだまだ研究途上といえます。またワインが口内に留まるときの時間や温度も味に影響するため、ワイングラスの形にまったく意味がないとはいえません。

当初のグラスに込められた狙いこそ研究が進むにつれて疑問が出てきてはいるのですが、それぞれのワイングラスで美味しく飲めることも間違いのない事実です。いずれ、さらなる理論でワイングラスの形が生みだすワインの美味しさの秘密が解き明かされる日がくるかもしれません。

散らばり続ける香りの分子

　ワイングラスは味だけではなく、香りの道筋も設計されています。その工夫を紹介する前に、目に見えない香りの動き方について考えてみましょう。

　香りのする物質を容器に入れてふたをすれば、香りの分子は容器の外に出ることができないので、ほとんど匂いません。ふたを開ければ、容器の中で絶えず飛び回っていた香りの分子はとたんに空気中へと飛びだして四方八方に散らばります。一度拡散した香りの分子はもとの状態には戻りません。空気中に散らばった香りの分子がひとりでに集まったり、再び容器に戻ったりしないのが自然界の法則です。コーヒーにミルクを注ぐと入れた瞬間からひろがり、しだいに混ざって全体がカフェオレ色になります。途中でミルクが一か所に凝集して白いかたまりに戻ったりはしませんね。このように自然にもとの状態には戻らない変化を「不可逆変化」といいます。

ブツリでは、あらゆる現象を「可逆変化」と「不可逆変化」に分けて考えます。その違いは、動画を逆再生して違和感のないものが可逆変化、違和感のあるものが不可逆変化といえば分かりやすいでしょうか。一定のテンポで左右に揺れ続ける振り子の動きは、逆再生しても動きに違和感がないので「可逆変化」です。水の入ったバケツがひっくり返った状態は、逆再生してバケツの中に水が戻るのは不自然なので「不可逆変化」です。

　不可逆変化とはもとに戻らないことであり、秩序ある状態から無秩序な状態へと移行していくことでもあります。つまり「ものは放っておくと自然に散らかっていくものだ」*ということです。熱や温度といった分子の運動に関わる変化はすべて不可逆変化となります。もちろんワインから揮発した香りのひろがりも、不可逆変化の現象です。

香りの道筋を作る

　香りの分子は空中に飛び出した瞬間から、周囲に散らばって徐々に薄まっていきます。香りの分子は空気分子よりも大きいので動きづらく、始めのうちは湯気や煙の動きと同じように香りのかたまりとなって空気中をゆらゆらと漂います。それが鼻に届けば、私たちは「匂い」として感じることができます。ワ

インの香りを充分に楽しむためには、香りの分子が完全に散らばってしまう前に、香りのかたまりを効率よく鼻に届けなければなりません。

　日本の伝統的な芸道である香道では、左手に香炉をのせて右手で香炉を覆い、右手の親指と人差し指のあいだを少し開けて、その隙間から鼻を近づけて香りを聞きます。このように覆うことで「香りの道筋」を作りだしているのです。ワイングラスも揮発した香りを逃がさないように、ふくらみのあるボウルの直径に比べてグラスの口がすぼまっています。手で覆う代わりにガラスで囲っているのですね。

　注ぐ量にも工夫があります。ワインを注ぐときは、グラスの３分の１程度が望ましいといわれていますが、それは残りの空間をワインから揮発した香りで満たすためなのだそうです。なみなみワインを注いでしまったら、空気に触れやすい表面の香りはあっという間に周囲の空気と混ざって拡散してしまうでしょう。目に見えないけれども、ワイングラスには「ワインの成分」がグラスいっぱいに湛えられているのです。

色と香りを楽しむグラスの工夫

　ワイングラスの工夫はこれだけではありません。ほかにも、ボウルのふくらみ具合によって香り成分

の揮発速度に差ができます。ボルドー型のようにボウルのふくらみが小さければ、先に揮発する成分と遅れて揮発する成分で香りに段階が生まれて、花や果実のような香りからアルコールの香りというように香りの変化を楽しむことができます。ブルゴーニュ型のようにボウルのふくらみが大きく口がすぼまったグラスは、ワインの表面の揮発量に対しグラスの口径が小さいので先に揮発した香りが滞留しやすく、グラス内で異なる成分が混じり合います。これによって複雑な香りを堪能できるのです。

　最後にワイングラスをくるりと回す仕草にも触れておきましょう。ワインの揮発量は液体の表面積が大きいほど多くなります。円を描くようにグラスをくるりと回すことで、ワインが空気と触れる面積を増やすだけでなく、グラス内の気体を動かして新たな揮発を促し、より香りを立たせることができます。ふつうのコップやビールジョッキでこの動作をおこなうのは厳しいでしょう。
　また、円を描くようにグラスを揺すると、粘性（→P49）と表面張力（→P38）によってワインはボウルの内面に添うように厚みのある膜を作ります。鮮やかな色が浮かび、個々のワインの違いが明確になる瞬間。ワイン好きとしては、つねづねグラスを

くるりと格好よく回して色と香りを楽しみたいと思っているのですが、指の力加減や手首の角度をここぞと決めるのはなかなか難しいものです。

（註*）部屋は放っておくと、すぐに散らかります。散らかってしまったら、もともとあった物が変わるわけではないのに使い勝手は悪くなります。これと同様に、気体も温めるなどして高い温度や気圧を得た高エネルギーの状態、多くの仕事ができうる状態を作ったとしても、放っておくと周囲の冷えた空間に散逸（さんいつ）してしまい、せっかく作りだしたエネルギーは使えなくなってしまいます。自然の状態でもう一度エネルギーの高いかたまりに戻すことはできません。これが散逸と不可逆です。

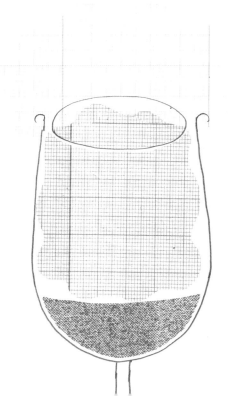

さす道具

　「さす」と聞いて、みなさんは何を思い浮かべますか？　私はモズの早贄です。野鳥のモズには捕らえた獲物をなわばりの木の枝やトゲなどに刺しておくという習性があります。その理由は冬に向けて食べ物を確保するためとする説が有力のようです。鋭い牙や爪をもたない人類も、モズと同じく生き延びる上で"さす道具"が必要だったことでしょう。

　刺すとは小さな面積でものに圧力をかけていくことです。ものの内部へとどのように突き進むのか、目的ごとに追求されたさす道具の工夫をみていきましょう。

フォーク｜点で刺して持ち

　「さす」という言葉を国語辞典で引くと、針で刺す、日が射す、花を挿す、将棋を指す……と実に多くの表現があることに驚きます。著者のひとりは岐阜の出身なのですが、先の鋭いもので突き刺すことを「つっぷり刺す」といいます。これは、たぶん方言だと思います。「箸でおかずをつっぷり刺したら行儀が悪い」「指に針をつっぷり刺してしまって痛い」といった具合に使っています。

つっぷりと楽に刺す

　先の鋭いフォークはまさしく、つっぷり刺すための道具です。鶏肉を焼くときは、皮にぷすぷすとフォークで小さな穴を開けて、皮が縮むのを防いで火のとおりをよくしますね。ウインナーソーセージの場合も包丁を持ちだすのが面倒なときは、爪楊枝でささっと穴を開けます。先が鋭いほうが刺しやすいのは経験上明らかです。まずは楽に刺すという点に注目してみましょう。

　楽にとは、すなわち「小さな力で大きな効果をもたらす」ということです。その方法のひとつに圧力の利用があります。力が加わる面積が小さければ小さいほど、圧力は大きくなります。試しにウインナーソーセージに爪楊枝の先の尖った方と平らな方をそれぞれ押しあててみてください。同じ力を加えて

る

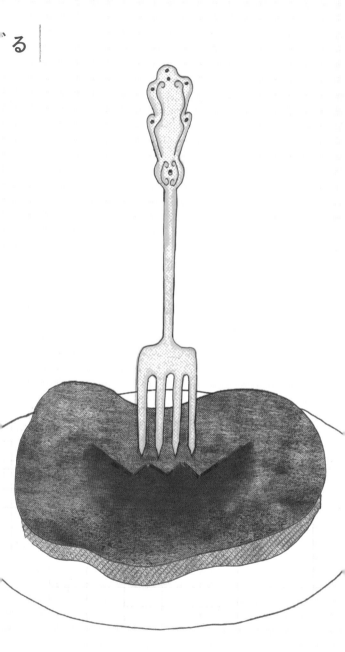

点で突き刺すフォーク

も、尖っている方がより小さな力で深く刺せる、つまり効果が大きいはずです。

　フォークは力が加わる面積を極力小さくすることで、それほど大きな力を使わなくても、食べ物の奥まで楽に突き刺すことができます。このようにフォークや爪楊枝などは「点」で圧力をかける道具です。そして、その点を連続させて「線」にしたものがナイフや包丁などの刃物だといえるでしょう。「刺す」が連続して「切る」ができるわけです。

フォークで持ち上げやすいもの

　点という最小面積で楽に刺したら、今度はその少ない接触面積で食べ物を持ち上げて口まで運ばなくてはなりません。焼いた鶏肉なら垂直に持ち上げても、しっかりフォークにくっついてきてくれますが、ふんわりした食感のシフォンケーキなら、フォークが途中ですっぽ抜けてしまうこともあります。なぜ、このような違いが生まれるのでしょうか。

　妙な質問かもしれませんが、たとえばフォークにとって「焼いた肉」と「生肉」の違いとは何だと思いますか？　それは弾性の違いだといえます。ものは力を加えられると変形して、その力がなくなるともとの形に戻ります。この性質を「弾性」といいます。スプーンの裏で生肉を押すとへこみ、離せばも

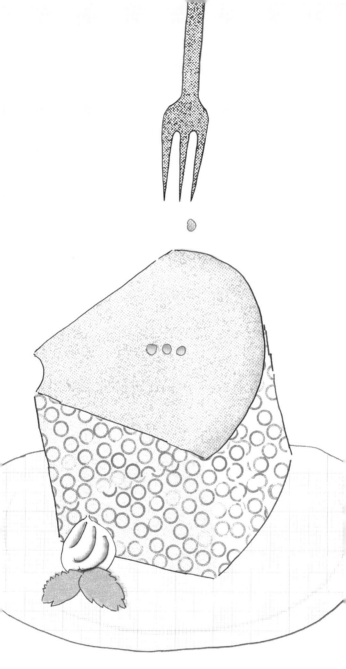

食べ物の弾性力が小さいとフォークが抜けやすい

とに戻るのは生肉に弾性があるからです。変形したものがもとの形に戻ろうとして、力を加えたものに及ぼす力を「弾性力」といいます。

　焼いた肉にも弾性がありますが、スプーンの裏で押しても生肉ほどへこみません。生肉と同じだけへこませようとすれば、その分ぐっと力をかけることになります。つまり、焼いた肉の方が、弾性力が大きく硬いということです。弾性力が大きければ大きいほど、刺されたときに一度脇に押しのけられた部分がもとに戻ろうとフォークを強く締めつけるので、結果的にフォークで持ち上げやすくなります。

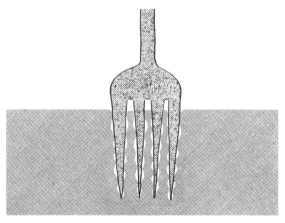

弾性力で締めつけられるフォーク

すべてのものには弾性がある

　なぜ、ものには弾性があるのかというと、それは

分子同士のあいだに力がはたらいているからです。私たちの身の回りでは、原子と原子が結びついて分子、分子と分子が結びついて物質を作っています。

分子を結びつけている力のことを「分子間力」とか「ファンデルワールス力」などといいます。この力によって、分子が近づき過ぎると反発する力が、遠ざかり過ぎると引き合う力がはたらきます。ほとんどのものは分子で構成されていることから、どんなものも弾性をもった「弾性体」*といえます。

　しかし、すべてのものに弾性があるといっても、ガラスなどは押しても変形していないように見えますね。フォークをガラスに突き立てても、食い込むどころかまったく動じません。ブツリの世界では、力を加えても変形しない物体を「剛体」*と呼びます。ただし、すべての物質が原子または分子でできている以上、まったく変形しない物質はこの世に存在しません。ガラスは変形しないのではなく、極めて変形しにくい物質であり、精密な実験をおこなえば、わずかな変形量を測り取ることができます。たとえば長さ１メートル、断面積１平方センチメートルのガラス棒に、73キログラムのおもりをぶら下げると、ガラス棒は約0.1ミリメートル伸びることが分かっています。

ものはどこまで変形する？

　弾性がある限界に達すると、ものはもとに戻らなかったり壊れたりします。これを「弾性限界」といいます。輪ゴムが大きな力で引っぱられたときに伸び切ったまま戻らなかったり、プチンと切れてしまったりするのは、弾性限界を超えた力が加わったからです。ゴムのように変形しやすい物質もあれば、鋼のように変形しにくい物質もあります。変形させるために必要な力の割合を弾性定数といいます。私たちはふだん、弾性定数の大きいものを「硬い」、弾性定数の小さいものを「柔らかい」と呼んでいるのです。

　弾性定数が大きいものを変形させたということは、加えた力も大きいので、その物体がもとの形に戻ろうとするときの弾性力も大きくなります。頑丈なゴムほど伸ばした後に強く締めつけるのは、そのためです。袋の口を閉じる輪ゴム、ストレッチパンツの伸縮性のよいゴム、寝間着の少し緩めのゴム、それぞれ使い道にあった太さのゴムを選びますね。

変化する弾性定数

　生肉と焼いた肉のように、同じものでも弾性が変化することがあります。生肉を加熱すると、タンパ

ク質の性質が変わって弾性定数が大きくなり、その分強くフォークを締めつけるので、フォークが抜けにくくなります。ステーキの焼け具合を指で押して確かめるのは、理に適った所作だったのですね。

　ちなみに、魚の場合は加熱すると弾性定数が小さくなります。フォークを刺しても、弾性力による締めつけが弱く簡単に抜けたり身が崩れたりして口に運ぶことが困難です。そのため、野菜や魚介類など弾性力の小さい食べ物が比較的多い中国や日本では、フォークで刺して口に運ぶのではなく、箸で挟んで運ぶという発想に至ったのでしょう。

　フォークのはたらきが、「何を刺すか」という食べ物側の性質に大きく依存しているのはおもしろいことです。柔らかいケーキや分厚いステーキを食べるときには、ぜひフォークの腹や先端で食べ物の弾性の違いを感じ取ってみてください。

（註*）金属は分子ではなく金属原子が結びついてできているのですが、金属原子同士のあいだにも分子間力と同様の力がはたらくので、弾性があります。（→P103）

（註†）ブツリは物事の根源的な理を見いだすために、考える対象を理想化します。「剛体」という言葉は、定義の上では力を加えてもピクリとも動かないもののことですが、現実には完全な剛体は存在しません。ブツリで論じる世界は現実を極めて単純化したものなのです。

　ほかにも「質点」という言葉は、質量はあるけれど大きさのない物体を指します。もちろん、そんなものは現実には存在しません。ただ、大きさがあるものに力を加えると話がややこしくなるので、物体の動きや運動に注目したいときは、物体を質点に置き換えると便利なのです。

　このようにブツリの世界には、専門でない方からすれば？？？な言葉がいっぱいあります。「なめらか」といえば摩擦がない、「粗い」といえば摩擦がある、「軽い」といえば質量は無視することを意味します。「ゆっくり」といったら「等速度で動かす」ことです。

　あるとき「先生、瞬間って何秒くらいですか」と生徒に聞かれて答えに窮したことがあります。「瞬間といえば、もう限りなく短い時間としかいえないです。ごめんなさい」と謝りました。ブツリにおける瞬間とは、時間を測定できないほどの短いあいだを指しているからです。

　こうした言葉の定義は、問題を解くための申し合わせみたいなもので、できるだけ単純な条件で考えるための方法でもあります。ちなみに光学では「平行な光線は無限遠で交わる」なんて無謀な条件もあります。

摩擦を減らしてな

　刺す道具と聞いて、真っ先に注射器を思い浮かべた人もいるでしょう。何といっても先の鋭い針を突き刺して皮膚に穴を開けるわけですから、痛くない、何も感じないはずがありません*。

　注射の痛みは皮膚に分布する痛点などいろいろな要因がありますが、「摩擦」もその原因のひとつです。金属である針と人体という異質なもの同士がこすれ合うと摩擦が起きます。摩擦によって針が動きにくくなると周辺の皮膚や筋肉、血管を傷つけてしまいます。さらには、刺すのにも抜くのにも時間がかかってしまい、その間の痛みが蓄積してさらに「痛い！」と感じてしまうのです。接触したときの摩擦をなるべく小さくすれば、注射の痛みや傷も和らぎます。

かに刺す

　1章の「ながす道具」では、水や空気などの流体の摩擦について触れました。ここでは固体同士の摩擦と、ものをなめらかに動かすために追及された摩擦の原因と法則についてみていきましょう。

ダ・ヴィンチが発見した摩擦の法則

　ものとものが接しているとき、どちらかいっぽうを動かそうとすると、両者のあいだに動きを妨げる

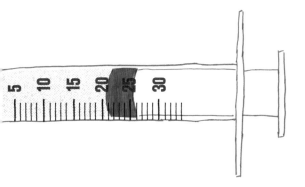

力がはたらきます。この現象を「摩擦」といい、このときはたらく力を「摩擦力」と呼びます。摩擦力のことを単に摩擦ということもあります。摩擦が小さければ、ものの動きはよりなめらかになるので、動かすための労力も少なくてすみます。

　摩擦の研究は古くからあり、中でもレオナルド・ダ・ヴィンチの研究が有名です。いろいろな機械を

考案していたダ・ヴィンチにとって、摩擦は興味深い研究対象だったのでしょう。彼が残した記録には、ものの材質が違うと摩擦の大きさが違うこと、なめらかなものほど摩擦が小さいことなどが書かれています。さらに彼は「あらゆる物体は、滑らそうとすると摩擦という抵抗を生ずる。この摩擦力の大きさは、表面がなめらかな平面と平面との摩擦の場合、その重量の４分の１である」と書き残しています。これは、たとえば平坦な机の上に４キログラムの荷物を置いたとき、１キログラムの力で引っぱれば水平に動かせるということです。

　ダ・ヴィンチが発見した法則は、現在使われている物理法則にあてはめてみてもだいたい同じです。今日でも通用する法則性を見出していたなんて、さすが天才と称されるわけですね。

摩擦力はものの重さに比例する？

　さて、ダ・ヴィンチの偉大な研究に続いたのは、フランスの物理学者、ギヨーム・アモントンです。アモントンは、ダ・ヴィンチがスケッチに残した実験を再現し、1699年に次のような法則を発表しました。「摩擦力は、机や床などの平面が物体を支える力（垂直抗力といいます）に比例し、見かけの接触面積には関係しない」。これは簡単にいうと、机

の上にキャラメルの箱を立てて置いても、寝かせて置いても、つまり机との接触面積が変わっても、摩擦力は変わらないということです。

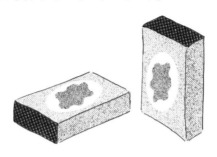

摩擦力は底面積に比例しない

　ダ・ヴィンチの記録では、摩擦力はものの重さに比例するかのように思えます。しかし、アモントンは、摩擦の大きさは「重さ（重力）」ではなく「垂直抗力」に比例するのだと表現を変えました。ものを支える垂直抗力は重さとつり合うことが多いので分かりづらいのですが、ものに紐をつけて机や床から離れない程度にものを上に引っぱると、その分垂直抗力が減ります。そうすると摩擦力も減るのです。ちなみに、ものが机や床の面から離れると摩擦そのものがなくなります。摩擦力は物体の重さではなく、物体とそれを支える平面がお互いに及ぼし合っている力の大きさに比例するとアモントンは考えたのです。

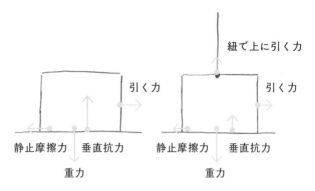

左図のように、床に置いた物体を引くときは「重力の大きさ」＝「垂直抗力の大きさ」であり、生じる「静止摩擦力の大きさ」の分だけ「引く力」が必要となる。右図のように、物体に紐をつけて床から離れない程度に持ち上げたときは「重力の大きさ＝垂直抗力の大きさ＋上に引く力」となり、垂直抗力の大きさが減少するため、静止摩擦力が減り引く力も少なくなる

ものが動きだすと
摩擦は小さくなる？

　さらに1781年には、同じくフランスの物理学者であるシャルル・ド・クーロンがアモントンの法則に新たな法則を加え、「摩擦の法則」として発表しました。クーロンが補足したのは「止まっているものを動かそうとするときの摩擦力（静止摩擦力）は、動いているときの摩擦力（動摩擦力）より大きい」「動摩擦力は、速度の大小に関係なく一定である」のふたつです。これは普段の生活でもよく経験するのではないでしょうか。

たとえば、重たい机を押したり引いたりするとき、机が動きだすまではぐーっと力を加えていきますが、いざ動きだすとふっと力が抜けるように感じることはありませんか。それは気のせいではなく、実際に動きだす前の摩擦力よりも、動きだした後の摩擦力の方が小さくなっています。注射の場合も同じです。皮膚中を針が進んでいるときよりも、注射針を刺した瞬間の方が痛みを感じやすいといえます。

　今日では、これらの法則はまとめて「アモントン・クーロンの法則」と呼ばれます。当時は産業革命の真っただ中であったことから、彼らが発見した摩擦の法則は機械の性能向上に大いに貢献しました。

摩擦の原因は凸凹？
それとも分子が引き合う力？

　では、アモントンやクーロンは摩擦の原因を何だと思っていたのでしょうか。ふたりとも摩擦はものの表面の凸凹が引っ掛かることで起こると考えていました。これを「凹凸説」といいます。クーロンは、「平面上で物体を水平に動かそうとするとき、お互いの表面の凸凹によって物体は上下動を繰り返すため、余分な力が必要になる」と主張しました。そして、その力こそが摩擦力だと説いたのです。筆者は

このクーロンの考察を毎日の自転車通勤で実感しています。舗装されていない凸凹の多い道を自転車で走ると、体が上下に揺れるのがよく分かるからです。

　ところが、同じ時代に凹凸説に異を唱える科学者もいました。イギリスの科学者、ジョン・デザギュリエです。デザギュリエは、鉛の球を切断して切断面をこすり合わせるとくっつくという現象から、摩擦は原子や分子が互いを引き合う力が原因ではないかと考えました。これを「凝着説」といいます。すでに凹凸説は実験によって確かめられていましたが、凹凸説と凝着説のどちらが正しいのかという論争は、彼らの時代に決着することはありませんでした。

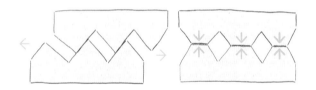

凹凸説（左）と凝着説（右）のイメージ

　20世紀に入り、磨く技術が向上すると、微細な凸凹を削って摩擦をさらに小さく、ものの表面をなめらかにすることができるようになりました。いっぽう、磨き過ぎることで逆に摩擦が大きくなる、という現象も確認されるようになりました。この現象は凹凸説では説明できません。やがて、物質は原子

や分子でできていることが明らかになってくると、この現象を分子同士が引き合ったり遠ざけ合ったりする力、すなわち「分子間力」（→P69）で説明しようという試みがでてきます。ものを磨くことで、物質を覆っていた錆や汚れが取り去られて物質を構成する原子や分子が"むきだし"になり、分子間力が強くはたらくために、接触したもの同士が互いに引き合って動きにくくなると考えられたのです。20世紀後半に、この考えは実験によって確かめられ、デザギュリエが提唱した凝着説の根拠が確立されました。

痛くない注射針の開発へ！

　では、結局のところ凹凸説と凝着説はどちらが正しいのでしょうか。現実はどちらかだけということはなく、これらの要因が複雑に混在していると考えられています。ただし、日常で感じる摩擦のほとんどは、ものの表面の凸凹がおもな原因です。注射器の場合も、人体と金属針といった異なる種類の分子が接するので、分子間力はそれほど大きくありません。やはりお互いの表面の凸凹がおもな摩擦の原因だといえるでしょう。

　現在では、注射針の表面を徹底的に磨くことで、表面の凸凹を極限まで減らした「なめらかな注射

針」の開発が進んでいます。その際、針の内側もしっかりと研磨されます。針の内側に凸凹があると注射剤の流れが遅くなるので、針の外側だけでなく内側も研磨して注射の時間を短くして痛みを和らげようとしているのです。

　注射の痛みの感じ方は、個人差や注射を打つ人の技量によることは否めません。けれども、少しでも痛みの原因を取り除こうと、企業や研究機関がしのぎを削っています＊。"痛くない注射針"の実現も間近に迫っているのです。

（註*）
　その昔、薬といえば飲んだり患部に塗ったりするものでした。17世紀にイギリスの医師、ウィリアム・ハーヴェイが「血液循環の原理」を発見すると、体中に張り巡らされた血管の中を血液が流れることで、体の各部分が必要としているものが届けられ、いらないものが回収される、ということが世に知られました。飲んだ薬が胃や腸から、塗った薬が皮膚から吸収されるのを待つよりも、血管などから直接体内に入れたら効果が早いという考えが生まれたのです。そして、1658年にイギリスの解剖学者のクリストファー・レンが、ブタの膀胱を使った袋に溶液を入れ、ガチョウの羽軸を通じて、イヌの静脈内に投与したことが、注射の始まりとされています。

（註**）
　関西大学システム理工学部機械工学科のロボット・マイクロシステム研究室では、蚊が刺す行動を高速度カメラで観察し、その解析結果から注射針の開発の研究を進めています。蚊の針は1本に見えますが、実際には上唇、下唇、咽頭、大顎と小顎が2本ずつの計7つのパーツでできていて、それらを駆使して血を吸っています。なかでも重要なのが、血の通り道である上唇と、その両側にある小顎の3本です。この3本の針を刺したり引いたりしながら前進し、さらに咽頭から唾液を出して血液が固まらないようにして、時間をかけて上唇から血を吸っているのです。
　高速度カメラの解析から、刺されても痛みを感じないポイントは、小顎の先がギザギザになっていること、これにより刺す際の抵抗力が軽減されていることであると突き止められました。そこで、蚊の針を模倣した採血用の注射針の開発が進んでいます。頻繁に採血をしなければならない患者のストレス軽減が期待されています。

　ある日、何気なく職場にあったホチキスを手にして、あれっと感じました。書類を綴じるのにいつもより力がいらないのです。一瞬壊れているのかと思いましたが、紙の束もしっかりと留められています。見た目はこれまで使っていたものより厚みがありそうです。メーカーのホームページを確認すると、「女性や子どもでも軽くとじられること」をコンセプトに、てこの原理を応用して綴じる力を従来品より約50パーセント軽減した、と書いてありました。たしかにふつうのホチキスよりも軽い力で綴じることができます。いったい、どのようなしくみになっているのでしょうか。

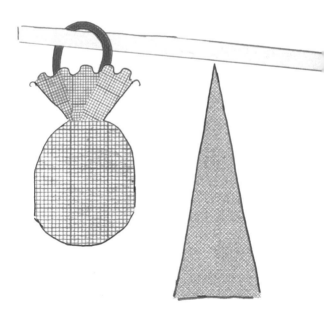

小さな力でものを動かすしくみ

てこの原理といっても小学校で習ったきりという方も少なくないと思います。小学校では、てこは「小さな力で大きなものを動かすしくみ」と習います。てこは道具のように思われがちですが、ものを動かす"しくみ"のことなのですね。

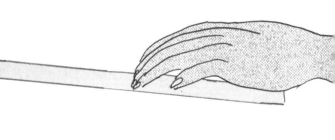

教科書では1本のまっすぐな棒を支えの上に水平においた、シーソーのようなてこが紹介されます。棒の左端に荷物をぶら下げると荷物の重みで棒は左に傾きます。そして、棒の右端を手で押し下げると荷物は持ち上がります。このとき手の位置が支えから遠くなるほど小さな力で荷物を持ち上げることが

できます。これが、てこのしくみです。

　てこには３つの点があります。それぞれ、力を加える点を「力点」、力がはたらく点を「作用点」、支える点を「支点」といいます。この３点の位置や距離によって加える力とはたらく力の大きさを変えることができる、これが「てこの原理」です。

　てこの原理では、[力点の力の大きさ×支点から力点までの距離] = [作用点の力の大きさ×支点から作用点までの距離]という関係が成り立ちます。つまり、力点から支点までの距離を、作用点から支点までの距離よりも長くすると、力点で加えた力よりも作用点にはたらく力を大きくすることができるのです。

アルキメデスの思考実験

　てこのしくみをいつ誰が思いついたかは定かでありませんが、古代ギリシャの発明家、アルキメデス*が残した有名な言葉があります。「私に支点を与えなさい。そうすれば地球を動かしてみせよう」。これは、もしも宇宙に「支点」を置けるのならば、たとえアルキメデスひとりの力であっても、てこの原理に基づいて地球ですらも動かすことができるだろうというもの。なんと壮大な思考実験でしょう。仮にこれが実現すれば、力点から支点までの距離はきっ

と何光年といった果てしない長さになるはずです。私たちの銀河を出てしまうかもしれません。地球は何といっても重たいですからね。

ホチキスはてこを使っている？

　日常生活では、教科書に載っているような1本の棒でできたシンプルなてこを見る機会はほとんどありません。けれども、私たちがふだん使う道具には、実はてこの原理を利用したものがたくさんあります。ハサミ（→P130）や釘抜き、爪切りなどがその代表です。

　ハサミは刃のついた2本の棒を重ね合わせて、その中心を留め具で固定しています。持ち手を近づけると、留め具が「支点」となって2つのてこが逆向きに動き、今度は刃の先端同士が近づきます。持ち手（力点）の方が、刃でものを切る位置（作用点）よりも留め具（支点）に近いので、固いものでも楽に切れるというわけです。

　では、ホチキスはどうでしょうか。よく見かけるホチキスは、親指で押すところが力点、ホチキスの尻にあたる連結部が支点、針を押し曲げるところが作用点になっています。これはちょうど図のように、まっすぐなてこの棒を深く二つ折りにしたような構造です。

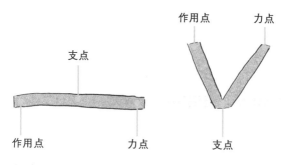

ホチキスはてこの棒を二つ折りしたような構造

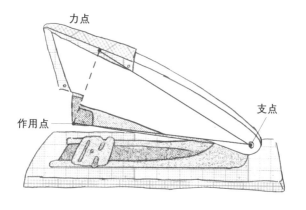

　よく観察してみると、親指で押すところ（力点）
と、針を押し曲げるところ（作用点）は、連結部
（支点）からほぼ同じ位置です。つまり加えた力の
大きさは作用点でほとんど変わらないので、従来の
ホチキスは、てこの原理を活用していないといえる
でしょう。硬い金属の針を楽に折り曲げられるのは、
手で覆うように持って握ることで手のひら全体の力
をかけやすくしているからと考えられます。

てこを重ねて楽に綴じる

　では、てこの原理を応用したという新しいホチキスはどんなしくみになっているのでしょうか。てこの原理をうまく活用するためには、力点から支点までの距離を、作用点から支点までの距離より延ばさなくてはいけません。

　そこで考えられたのが、「支点を２つにすることで、２回てこをはたらかせ、少ない力で大きな作用を生みだす」という方法でした。ホチキスのハンドル（親指で押す上部の持ち手）の長さを変えるのではなく、てこを重ねることで作用点から支点までの総合的な距離を増やそうというわけです。新しいホチキスの内部を見ると、ハンドルが上下２枚重ねになっていて、支点も２つあります。いうなれば、ホチキスの内側にもうひとつホチキスが入っているような状態です。

　P90の図のように、外側のホチキス（赤線で示したひとつ目のてこ）は、親指で押す位置（力点１）よりも、次の内側のホチキス（青線で示した２つ目のてこ）を押す位置（作用点１）の方が、支点との距離が短くなっています。これによって、てこの原理がはたらいて親指で加えた力よりも大きな力で内側のホチキス（２つ目のてこ）をはたらかせる

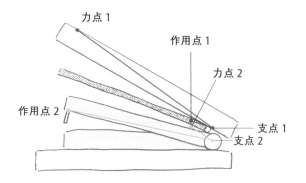

力点1

作用点1

力点2

作用点2

支点1

支点2

てこを2つ重ねたホチキスの構造

ことができます。

　内側のホチキスは、外側のホチキスによって押された位置（力点2）よりも、針を押し曲げる位置（作用点2）の方が支点から遠いので、はたらく力は弱まります。しかし、外側のホチキス（ひとつめのてこ）が生みだした力の方が圧倒的に大きいため、結果的に最初に親指で加えた力よりも大きな力で針を押し曲げることができるというわけなのです。見た目は従来のホチキスとあまり変わらないのに、実際に使ってみると、拍子抜けするほど軽い力で綴じることができるのは不思議ですね。

　「てこを重ねる」ことは大発見のような感じがしますが、実はそうではありません。身近な例では、爪切りもてこを2つくっつけた道具です。たとえるならば、爪切りはピンセットの上にくぎ抜きが乗っ

ているような構造をしています（ピンセットもくぎ抜きもてこを使った道具）。

　理論的には、てこはいくつでも重ねることができ、その分はたらきも大きくなります。ただ、重ねた分だけ道具が大きくなってしまうので、実際の道具に使えるのはせいぜい２つが限度でしょう。

　現代ではスマートフォンやAIなどの最新技術の進歩につい目を奪われてしまいますが、身近な道具も日々進化しているのだと思うと、なんだか嬉しくなりますね。

（註*）アルキメデスは「アルキメデスの原理」を発見して王冠の混ぜ物を見破ったことでも有名です。アルキメデスの原理とは、水中にあるものは押しのけた体積分の水の重力と同じだけの浮力を受けるという原理です。

　王様から王冠に混ぜ物があるかどうかを調べてほしいと依頼されていたアルキメデスは、怪しい王冠と同じ重さの金塊を用意して、てんびん棒を使って空中でつり合わせ水中に入れたところ、棒が傾いたことから浮力が異なることが分かり、重さは同じでも体積が異なる、つまり混ぜ物があると見破りました。アルキメデスは入浴中にこの原理に気づき、喜びのあまり裸のまま走り回ったといわれています。

　ワインの栓を抜くオープナーは別名「コルクスクリュー」と呼ばれます。スクリューとは「らせん」を意味する言葉です。らせんを用いた道具は、ネジ、ばね、ドリル（スクリュードライバーともいいますね）、らせん階段など、身の回りにも溢れています。自然界にはもっと存在していて、サザエなどの巻貝や、アサガオのような植物のつる、生物の遺伝子情報を伝達するDNAも二重らせん構造です。きっと先人たちは自然の形からヒントを得て、らせんの道具を思いついたことでしょう。なぜ、道具の形をまっすぐではなく、らせんにするのでしょうか？

回転しながら進むらせん

　らせんを用いた記録に残る最古の道具といえば、アルキメデスのスクリューポンプ（アルキメデスのらせん）が有名です。アルキメデスが最初に考えついたのかどうかは定かではありませんが、船が浸水したとき、アルキメデスはこのポンプを使って水を船の外にだしたといわれています。

　スクリューポンプの管の中には、らせんがついた１本の軸が入っています。軸を回すとらせんも一緒に回転し、まるで私たちがらせん階段を登っていくように、管の下ですくわれた水がらせんに乗って上へ運ばれます。楽に運べるため、現在でもコンクリ

抜けにくいらせん

ートミキサー車などで使われています。

　スクリューポンプやネジ、ドリルは、よく見ると回転しながらも結果的には直進しています。らせん構造のいちばんの特徴は「直進運動を斜めの回転運動に変えて作業を楽にできる」*ことです。まっすぐ動かすのは大変でも、斜めに動かすと負担が軽くなることはよくあります。階段を一段ずつ上るよりも、スロープを緩やかに進む方が楽に感じますね。階段では重力に逆らって体をまっすぐ持ち上げなくてはいけませんが、スロープでは斜面が支えてくれる分、体を持ち上げる力は小さくてすむのです。

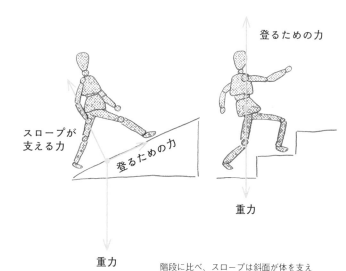

階段に比べ、スロープは斜面が体を支えてくれる分、登るための力が小さくなる

ワインオープナーやネジのように下向きに刺し込むときは、重力ではなく摩擦力が動きを妨げる原因になります。ワインオープナーやネジのらせんを引き延ばしてみると、スロープと同じで緩やかな斜面になっています。らせんの構造によって摩擦の抵抗を減らしながら少しずつ突き進めるので、釘よりも小さい力で刺すことができるというわけです。

コルク栓と一緒に抜けるために

　「刺しやすさ」という点でみれば、まっすぐな釘も金槌を使えば楽に木板に突き刺すことができます。では、ここで「抜けにくさ」という点にも着目してみましょう。ワインオープナーの最大の役目は、瓶にぴったりとはまったコルク栓を引き抜くことです。コルク栓と一緒に抜けるためには、ワインオープナーの先がコルクから抜けにくくなければいけません。コルク栓に釘を刺すのは容易かもしれませんが、いざ引き抜くときには、コルク栓を置き去りにして釘だけがすっぽりと抜けてしまいます。まっすぐな釘の場合、その先端や真横からしかコルクの弾性力（→P68）を受けることができません。どうやら「刺す」と「弾性」はつながりが深いようですね。

　らせん状のオープナーはコルクと接する面積が釘よりも多く、その分コルクから受ける弾性力が大き

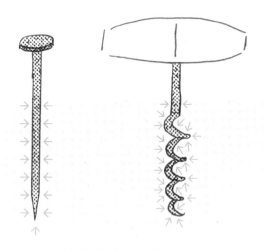

らせんはコルクとの接触面積が増えるため、抜けにくい

くなります。ワインオープナーを引き抜こうとする
と、らせんの隙間に挟まったコルクにも力がかかる
ので、ワインオープナーは上下左右あらゆる方向か
らコルクの弾性力で強く締めつけられることになり
ます。こうしてお互いに力を及ぼし合って、がっち
りと結びつくため、ワインオープナーを引っぱるだ
けでコルク栓も一緒に抜けてくれるのです。

　注射針のように「刺しやすくて抜けやすい」を実
現するのは比較的簡単ですが、「刺しやすくて抜け
にくい」という希望を叶えるのは容易ではありませ
ん。こうした私たちの"わがまま"に見事応えたのが、
らせん構造なのです。

コルク栓をうまく抜く方法

　抜きやすいとはいえ、ワインオープナーを使って

もうまくコルク栓が抜けなかった……という人も少なくありません。かくいう筆者もそのひとりです。うまく抜けないと、コルク栓がボロボロになってしまい、結局ペンチで挟んで抜くことに……。これではシャンパンの栓を勢いよく開けるという華やかな演出も台無しです。何かうまく抜くためのコツのようなものはないのでしょうか。

　そんなときは摩擦に注目してみましょう。2章の注射器で、摩擦は「動きだそうとする瞬間の摩擦力よりも、動きだした後の摩擦力の方が小さくなる」（→P78）といいました。このことを念頭において、ワインオープナーをコルク栓に刺したら、一気に力任せに抜こうと思わず、じわじわと力を加えてみてください。すると、ふっと軽くなる瞬間が必ずおとずれます。そこで力をキープしたまま、あわてず引き続けてみてください。スポン！　とよい音が聞こえるはずです。

　このように分析してみると、ワインオープナーには、らせんのブツリが活きていることが分かります。道具のブツリを考えることは、効率よく使いこなすための助けにもなります。道理に合った使い方ができてこそ、その道具のしくみが最大限に活かされるのです。

端子 | さすと流れる電気の

　現代の私たちの生活は電気がなくては成り立ちません。テレビ、冷蔵庫、掃除機、パソコン、スマホも電気が流れなければ、ただの置物です。考えてみれば、私たちは毎日のようにプラグや充電ケーブルを「さして」います。プラグを穴にさした途端に電気が流れて、家電や電子機器がはたらきだすのは不思議ですね。どうしてさすと電気が流れるのでしょうか。そもそも電気とは何なのか。人類が電気の正体を突きとめ、利用するまでの歴史からみていきましょう。

ターレスによる静電気の発見

　電気についての最古の記録は古代ギリシャの哲学

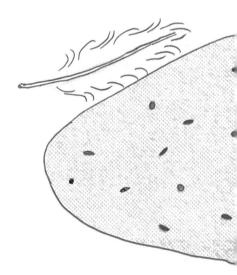

者、ターレスまで遡ります。ターレスは「琥珀を毛皮などでこすると、ほこりなどの周りの軽いものを引き寄せる」ことを発見したといわれています。琥珀はギリシャ語でエレクトロン、電気は英語でエレクトリシティですから、琥珀が電気の語源になっていることが分かります。ターレスの記録は今日でいう静電気に関するもので、古代で電気といえば"琥珀のようになる"すなわち静電気をもつことでした。どのようにしてものが静電気をもつようになるのかは、当時の人にはよく分からなかったと思います。ターレスは虫などが入った状態で固まった琥珀を見て、琥珀には生命が宿っているから周りのものを引きつけるのだ、と考えていたようです。

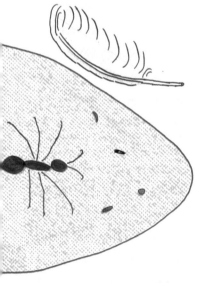

電気の流れる向きを決める

　時は進み、18世紀になると、フランスの化学者シャルル・フランソワ・デュ・フェが電気には2つの種類があることを発見します。デュ・フェは異なる種類の電気は引き合い、同じ種類の電気は反発すると考えました。その後、アメリカ建国の父と称される、政治家で物理学者のベンジャミン・フランクリンによって、その2種類の電気は「プラスの電気」「マイナスの電気」と名づけられました。

　ところで、静電気の流れは落雷のように一瞬で終わってしまいます。けれども、1800年にイタリアの物理学者、アレッサンドロ・ボルタが電池を発明したことで、ずっと一定の電気が流れ続ける「電流（定常電流）」が得られるようになりました。電池が発明されると当時の科学者たちは、まるで新しいおもちゃを手にいれた子どものように、こぞって電流の研究に夢中になりました。

　このとき電流が流れる向きを決める必要があったことから、あくまで暫定的に、いわばテキトーに「電流はプラスの電気の流れであり、プラス極からマイナス極に流れるのだ」と考えることに皆で決めました。

電流の正体とは？

　19世紀になると、電流に関する発見が相次ぎます。ドイツの物理学者、ゲオルク・オームは電流と電圧は比例するという「オームの法則」を発見しました。続いてイギリスの物理学者、マイケル・ファラデーがモーターや発電機のもとになる法則を見出します。そして、イギリスの理論物理学者、ジェームズ・クラーク・マクスウェルが電磁波（いわゆる電波）の考えを発表すると、電流に関する理論はたった100年足らずのあいだにほとんど完成してしまったのです。

　ところがどっこい、1897年にイギリスの物理学者、ジョセフ・ジョン・トムソンが、電流はマイナスの電気をもった粒子の流れであることを突きとめます。発見された粒子は後に「電子」と命名されました。電子はマイナスの電気をもっているわけですから、当然プラス極に引かれて流れていきます。あらまあ！　みんなで決めたはずの「電流はプラス極からマイナス極に流れる」とは逆向き！！！

　当時の人々がどのように思ったかは今となっては知る由もないのですが、理論上も技術上も電流はプラスからマイナスに流れると考えて何の問題も生じなかったので、結局「まっ、いいか」ということに

なりました。今日では、科学者も技術者も、電流について考えるときはプラスからマイナスの流れ、電子に注目するときはマイナスからプラスの流れと臨機応変に対応しています。したがって「いったいどっちなの？」と困惑するのは、大学受験を控える生真面目な高校生だけとなったのです。

電気が流れやすいもの

　ところで、なぜプラグなどの接触部分には金属が使われているのでしょうか。それは、固体では黒鉛という唯一の例外を除いて、金属にしか電気が流れないからです。これには原子や分子の結びつきが関係しています。

　電子の発見によって、原子は中心にプラスの電気をもった「陽子」と電気をもたない「中性子」からなる原子核があり、その周りを「電子」が回っている構造であることが分かりました。さらに、２つの物質がこすれ合うと、いっぽうの物質の表面にある電子が他方に移り、電子の数に偏りができて静電気が発生することも判明しました。もともと原子の中の電子と陽子は、同じ数で同じ量の電気をもっていて、つまり中性です。こすれ合った２つの物質のうち電子が多くなった物質は「マイナスの電気」をもち、電子が足りなくなった物質は「プラスの電気」

をもつと考えられます。こうして、デュ・フェが発見した2種類の電気を説明できるようになりました。

　先ほど「固体では金属しか電気を流さない」といいましたが、正確にいえば、どんなものも原子でできていて、原子核の周りを電子が回っているのですから、流れやすいか流れにくいかの違いがあるだけで電気が流れないものはないといえます。では、なぜ固体の中で金属だけが電気を流しやすい性質をもつのでしょうか？

　原子には「金属原子」と「非金属原子」の2種類があります。金属は金属原子で、私たちの体は非金属原子でできています。非金属原子同士は2つの原子間で電子を共にもつ「共有結合」で結びつくのに対して、金属は金属原子が規則的に並んだ「金属結合」で形を保っています。

　金属原子だけでどう結合するの？　と思われるかもしれません。金属原子には、原子核の周りを回る電子の中に時々ふらふらとどこかに行ってしまう電子が原子1個につき1〜2個いて、その電子は「自由電子」と呼ばれます。すばらしいネーミングだと思いませんか。自由電子がふらふらと出て行ってしまうと、金属原子はプラスの電気をもつようになります。そんな金属原子と、もともとマイナスの電気をもつ自由電子のあいだにはたらく引力によって金

属は結合しているのです。

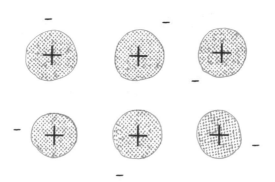

金属原子はプラスの電気をもつ金属原子とマイナスの電子をもつ自由電子のあいだにはたらく引力によって結合している

　金属でできた導線を電池などの電源につなぐと、金属中の自由電子もさすがにふらふらとはしていられなくて、電源のプラス極に引かれて流れていきます。この自由電子の流れこそが電流です。電源であるコンセントにプラグをつなぐとその瞬間に、電子はプラグのプラス極に向かって動きだします。こうして、テレビは映り、パソコンは起動するわけです。

金属が変形しやすい理由

　端子の接触部分に金属が使われる理由はまだあります。端子が挿入後も簡単に抜けないのは、金属の弾性をうまく利用しているからです。たとえば、

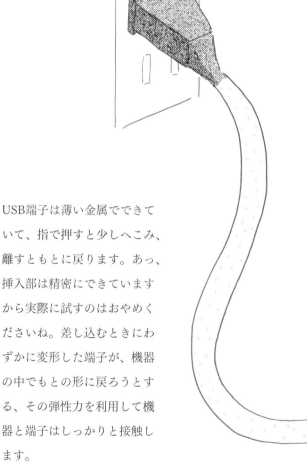

USB端子は薄い金属でできて
いて、指で押すと少しへこみ、
離すともとに戻ります。あっ、
挿入部は精密にできています
から実際に試すのはおやめく
ださいね。差し込むときにわ
ずかに変形した端子が、機器
の中でもとの形に戻ろうとす
る、その弾性力を利用して機
器と端子はしっかりと接触し
ます。

　実は金属がこうした弾性を

もつのも、先ほどの自由電子のおかげ。ふらふらしているなんていってはだめですね。ガラスなどは強い力を加えると原子のつながりが壊れ、ガラスそのものにヒビが入って割れてしまいます。しかし、金属の場合は変形して原子の位置がずれても、周りの自由電子が原子をもとの位置に引き寄せるはたらきをするので、結合が保たれるのです。

自由電子のはたらきによって、金属は叩いて薄く延ばしたり（展性）、引っぱって長く延ばしたり（延性）しやすく、いろいろな形に加工できます。その究極が金箔です。金箔の厚さは1万分の1ミリメートル。1万枚重ねても、たった1ミリメートルなんて極薄ですね。ちなみに、金の原子の大きさは直径288ピコメートル*、自由電子はそれよりもっと小さい粒子と考えていくと気が遠くなりそうです。

ということで、家電や電子機器に不具合が生じたときは、自由電子がおへそを曲げている可能性があります。そういうときは、自由電子のご機嫌をとるべく、錆が出ていないか、ほこりがたまっていないか、チェックしてみてください。錆もほこりも金属ではありませんから、自由電子の流れを妨げてしまいますからね。

（註*）1ピコメートルは10億分の1ミリメートル。

きる道具

　トマトを包丁で真横にすっぱり切り落とすと、種が花火のように放射状に並んだ美しい断面があらわれます。ちぎったり、砕いたり、潰したりしたら、この現象は見ることができません。このように「切る」は道具を用いた人為的な作業ですが、そこに自然の美しさが宿るのは不思議なものですね。

　切るという言葉は「野菜の水気を切る」「縁を切る」のように「分離する」という意味でも使われます。この章では、ものとものとのつながりを華麗に断つ方法をいろいろと考えてみましょう。

野菜を切る、手を切る、口を切る、啖呵（たんか）を切る、九字を切る……。言葉の上ではさまざまなものが"切られ"ますが、物理的に切ることができるのは始めの3つまでです。ただし、「手を切る」は縁を切る、「口を切る」は初めに発言する、の意味もあるので一概にはいえません。そうそう「堪忍袋の緒が切れる」もありました。堪忍袋は架空の袋

ですが、袋がふくらむことで耐えきれず紐がちぎれるイメージからきているので、物理的に切れるものの仲間に入れてあげてもよいでしょうか。

　そもそも、ものが物理的に切れるとは、いったいどんな現象なのでしょう。

ものを作る原子と分子

　ものは突き詰めれば原子からできています。ここでいう「もの」とは、石、木、水、花、空気、ぬいぐるみ、時計、ワインやそれを入れるワイングラスなどの固

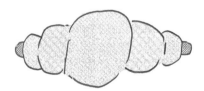

切る

体、液体、気体を含めた、すべての物質を指します。原子はもののおおもとを作る粒のことで、水素や酸素や炭素、鉄や金など100余りの種類（2023年現在118種類）が存在します。100余りと聞くと多いように感じるかもしれませんが、それに比べて身の回りのものの方が、はるかに種類が豊富です。それは同じ種類の原子でも集まり方、固まり方が違うと、まったく異なる物質になるためです。

たとえば、金属は「金属結合」（→P103）で結びつき、その原子は規則的にきっちり並んでいます。金の原子だけが並んでいれば純金、銀の原子だけなら純銀と呼ばれます。金の原子の集まりに銀や銅の原子が少しでも混じっていると18金や10金となり、純金とは性質の異なる合金になります。

もっと多様なのが、原子が複数くっついた分子です。多

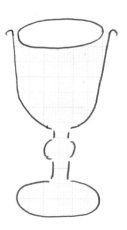

くの物質は分子が集まってできています。水は水分子の集合体です。水素原子2個と酸素原子1個が固まると水分子になります。

　では、水素原子と酸素原子に炭素原子が加わってできる分子はどんなものになるでしょう。水素原子22個と酸素原子11個に炭素原子が12個くっついたかたまりは甘い「ショ糖」に、水素原子4個と酸素原子が2個に炭素原子が2個くっつくとすっぱい「酢酸」になります。どちらも水素と酸素と炭素でできていますが、集まる数と集まり方でまったく別の物質になるのです。これにより無限に近い種類のものが存在しています。

ものが切れるとは？

　パンや植物などの有機物は、おもに水素と酸素と炭素でできた分子の集合体です。金属のように原子が規則的に並んでおらず、ゆるく混沌とした状態で結合しています。場合によっては、分子同士が直接手をつながずに絡んで動けないまま固まっていたり、水分を含むものは水分子が結合の仲立ちをしていたりします。

　原子や分子の結合が弱いと、外からの強い力でその結びつきがたやすく外れることがあります。分子の集合のつなぎ目が途切れることこそが、ものが

「切れた」状態です。私たちがパンを手でちぎったり、紙をびりびりと破いたりするとき、それは分子同士の弱いつながりを壊したり引き剥がしたりしているにすぎません。

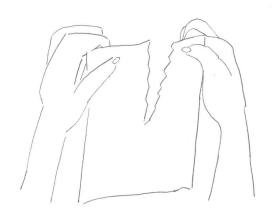

紙を構成する分子の弱いつながりを引き剥がす

　クルミやアメのように指でちぎるには硬いものも、道具で砕いたり歯で噛んだりと、分子の結びつきを断ち切るだけの強い力をかければ、その部分はこらえきれずに壊れます。クルミやアメは1点に力をかけて割ることが多いですが、こうした圧力を線にしたものが刃物といえるでしょう。当然、刃物は切る対象より壊れにくいものでなければいけないので、原子の結びつきが強い金属で作られています。硬い金属を鋭く尖らせた包丁は、効率よくものを切ることができる道具なのです。

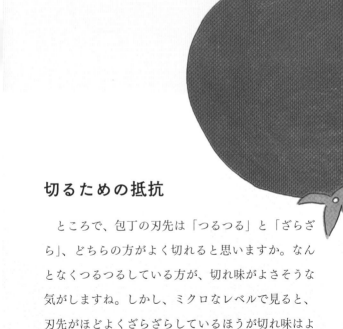

切るための抵抗

　ところで、包丁の刃先は「つるつる」と「ざらざ
ら」、どちらの方がよく切れると思いますか。なん
となくつるつるしている方が、切れ味がよさそうな
気がしますね。しかし、ミクロなレベルで見ると、
刃先がほどよくざらざらしているほうが切れ味はよ
くなります*。

　包丁でトマトを切るときのことを考えてみてくだ
さい。硬い金属でできた包丁で、指でつぶせるほど

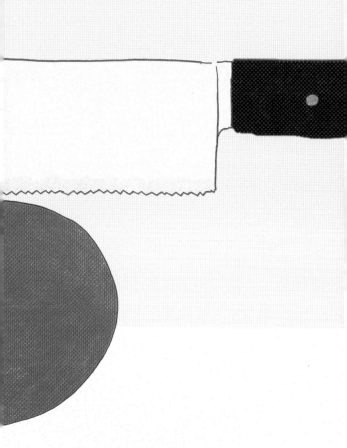

柔らかいトマトを切るわけですから、何も難しいこ
とはなさそうです。しかし、実際に刃をあててみる
と表面がつるつるしたトマトの皮の上では刃先がつ
るりと滑ってしまい、うまく切れないことがありま
す。表面がざらざらしたキュウリなら容易に切れる
のに、歯がゆい限りです。このように刃の圧力を逃
がすことなく、すべての力を効率よくかけるために
は、刃先が滑らないことが大事です。

　そうはいってもトマトの表面をざらざらに変えることはできないので、代わりに包丁を砥石で研いで刃先を少しざらざらにしておこうという知恵がはたらきますね。包丁などの刃物は、摩耗によって刃先が丸くつぶれ、なめらかになると切れ味が鈍ります。研ぐという行為は、丸くなった刃を鋭くすると同時に、刃先の微細なギザギザを復活させる作業でもあるのです。包丁の刃のざらつきは顕微鏡でやっと確認できるくらい。研磨が単に凸凹を削ってなめらかにするだけではないことは興味深いですね。

柔らかいものを
切るための刃

　台所でもっとも活躍している刃物といえば、三徳包丁、牛刀包丁などの万能包丁ではないでしょうか。菜切包丁、出刃包丁、刺身包丁、果物ナイフ、パン切り包丁など、目的によってさまざまな包丁を使い分ける人も多いでしょう。

　中でも気になるのはパン切り包丁の形

です。ふつうの包丁に比べ、刃渡りが長く、刃先が波打っているのは何を意図したものなのでしょうか。

　パンを切った後の包丁を見ると、刃面がべたべたしているのに気づきます。刺身やケーキなど脂分の多いものを切った後もそうです。包丁は粘り気のある物質がついてしまうと刃の動きが妨げられ、切れ味が鈍ってしまいます。そこで、刺身包丁やパン切り包丁は、切った後のべたついた部分をなるべく次に使い続けないようにと細く長く作られました。よく磨かれた刺身包丁は一方向に引くだけで綺麗に身を削ぎ終えることができます。

　いっぽう、パンは表面はこんがり焼けて硬いのに対し、中身は発酵する際に発生した気泡がそのまま固まった泡構造をしているせいで、刺身以上に柔らかくなっています。さらに小麦粉に含まれるたんぱく質のグルテンが粘りやすく、長い刃で一方向に引くだけでは、粘着質のグルテンが周囲を巻き込んで切り口をつぶしてしまいます。刃渡りを長くするだけではだめ……、そこで考えられたのが「波刃」でした。刃を波状にすることで、パンの硬い表面にも食い込みやすくなります。

　また、パン切り包丁をよく見ると、波刃の部分は薄く、刃の腹は厚くなっています。べたつきやすいパンの白く柔らかいところでは、この刃境の厚さの

差が粘り気による影響を最小限に抑え、切り口の変形を小さくしているのです。 一方向に引く刺身包丁と違い、パン切り包丁は刃を前後に動かしながら、少しずつ切り進めていきます。

　このしくみ、何かに似ている気がしませんか。ノコギリです。薄い金属板にびっしりと小さな山形の刃を連ねたノコギリも、長い刃渡りを活かして少しずつ切り進める道具です。パン切り包丁は柔らかいパンを切るため、ノコギリは硬い木材を切るため、目的こそ対照的ですが、どちらも切りにくいものを切るために追及された形といえます。

（註*）刃先を食い込ませるのに一役かった摩擦ですが、刀の挿入後は一気に邪魔ものに変わります。摩擦によって今度は刃が進みにくくなるからです。刃面をどんなに平たくなめらかに加工しても、摩擦の影響をなくすことはできません。

　ここで切れ味をよくしているは、意外にも食材が含んでいる「水分」です。水はおもしろい存在です。お風呂で遊ぶブロックは水に濡らすと壁面にくっつきますが、雨の日に濡れた階段の上を靴裏がつるっと滑ったりします。なぜ、このように相反した現象が起きるのでしょうか。

　水分子は、大きな酸素原子1つに小さな水素原子2つが結びついたテディベアの顔のような形をしています。水が接着材のようにはたらくのは、水素が2つ飛びだしたこの構造のせいです。水素はほかの粒子と手をつなぎやすい性質があるので、飛びだした部分が他のものにくっついたり、水分子同士しっかりくっついて大きな表面張力（→P38）を生みだしたりします。

　いっぽう、水がくっつくことでものの表面に水の膜が生じて、水の膜をまとったものとものとのあいだに水の層ができ、その水の層が流れるのが「滑る」という現象です。野菜を切るときに包丁をさっと洗うのも、包丁についた水分と野菜がもつ水分とが刃面を滑りやすくしてくれるからです。刃面が広くて平らな菜切包丁は水の膜ができやすく、大根のかつらむきではその恩恵を強く感じます。

　ずいぶん昔にイタリアで暮らしていた時期があります。そのころは頻繁に日本とのあいだを行き来していたので、少しばかり懐が淋しく、安くて美味しいピッツェリアを見つけて贔屓(ひいき)にしていたものです。そこで目にしたのが、メッツァルーナ（イタリア語で「半月」）と呼ばれる刃が湾曲した大きなピザカッター。熟練のピザ職人が、ザクッという心地

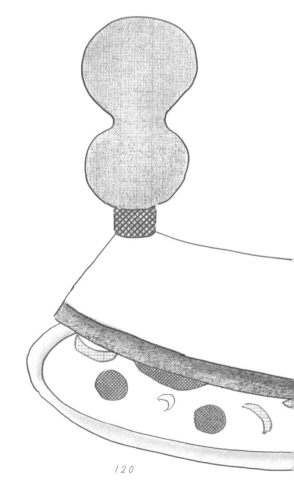

のよい音とともに、メッツァルーナを使って驚くほどの早さでピザを二等分、四等分、六等分……とカットしてくれました。日本では丸い刃をころころと転がすコンパクトなピザカッターの方が、馴染みがあるかもしれません。どちらも"直線でない"刃が特徴的です。なぜ、包丁のようにまっすぐなピザカッターがないのでしょうか。

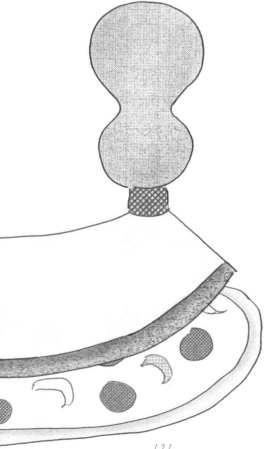

円弧の刃で素早く切る

　職人が熱々の巨大なピザをメッツァルーナで一瞬にして切り分けるさまは清々しさがあります。なぜって、あれほど粘性の高いチーズがほとんど刃面につかないからです。温めると溶けて糸状にどこまでも伸びるチーズは、パンのグルテンよりさらに厄介です。チーズの粘性はもっぱらカゼイン*と呼ばれる物質によるもので、接触面積の広い包丁はあっという間にその餌食になります。刃先がチーズの油分に覆われてしまうと切れ味も鈍くなってしまうため、これを避けるには、包丁とチーズが触れ合う時間や面積を減らすしかありません。

　そこで考えられたのが、刃全体の形状を変えることでした。1章のスプーンで触れたように、まっすぐな線に円や弧が接するときは必ず1点で接触します（→P13）。メッツァルーナは刃を「弧形」に、ピザ切りローラーは刃を「円形」にすることで、ピザに触れる面積を最小限に抑えています。線ではなく点で圧力をかけながら、瞬間的に生地を切り裂いていくことで、チーズにくっつく隙を与えないといったところでしょうか。

直線よりも長い刃

　円弧のメリットはほかにもあります。今度は、ピザの表面を「一気に切り抜ける」という点に着目してみたいと思います。当たり前のことですが、1枚のピザを切るためには、ピザの端から端まで刃が触れなければなりません。ピザの直径は大きいもので40センチメートル以上もあるため、ふつうの包丁では長さが足りません。仕方がないので、ピザの端の方から少しずつ切り進めることになるのですが、そのあいだ延々とチーズの粘性と闘うことになります。一気に切断したいからといって、40センチメートルを超える刃渡りの包丁を用いるのは物騒ですし、何より道具として不便です。

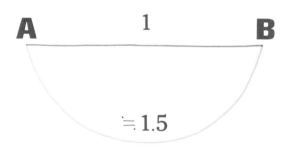

　ここでも円弧の形が活躍します。図のようにA点とB点を結ぶ場合、直線よりも弧でつないだ方が距離は長くなります。円周を求める式は[直径×π

（3.14…）］、つまり直径の約3倍ですから、半周に
あたる刃の長さなら直径のおよそ1.5倍の距離が確
保できる計算になります。ということは、極端な例
をだせば、40センチメートルのピザを切るのに直
径約26センチメートルのメッツァルーナですむと
いうことです。大型のメッツァルーナであれば右か
ら左にさっと傾けるだけで、一瞬で巨大なピザの直
径を切り抜けることができます。

　弧形のカッターは世界各国の調理場で広く活躍し
ていて、とくに香辛料やナッツなどを細かく切ると
きに使われています。粒状のものは散らばりやすい
のですが、弧形のカッターなら刃の向きを少しずつ
変えながら広い範囲を切ることができます。また、
接触する面積が小さい分、かかる圧力が大きくなる
ので、硬いナッツを楽に切断できるのです。

無限に続く刃渡り

　では、円形の刃の場合はどうでしょう。日本でよ
く使われている丸い刃をころころと転がすタイプの
ピザカッターは、メッツァルーナに比べると直径が
短くコンパクトです。どのようにしてピザを切るだ
けの刃渡りを確保しているのでしょうか。その秘密
は、円の性質にあります。

　円という図形には始点や終点がありません。池の

周りを散歩するとき、歩き始めた地点に印をつけるなど始点と終点を設けない限り、その道は終わることがなく、永遠に進み続けることができます。いつの間にか一周し、同じ道を辿っていたとしても、それに気づかないことはよくありますね。古代ギリシャの知の巨人、アリストテレスは毎日変わることなく天をめぐる星を見て、著書『天体論』で「円運動はもっとも完全な運動である。それは一様で止むときがなく、自身のうちで完結している永遠の運動である」と述べています。

　円形のものを地面に沿って転がすと、どこまでも進み続けます。この性質を利用したのが車輪（→P212）です。車輪の登場が古代文明の段階をひとつ押し上げたといわれています。円形のものを転がすと円周はクルクルと休むことなく回転しますが、円周からの距離が等しい円の中心は同じ高さを保ったまま、まっすぐ前に移動します。ということは、円の中心近くにくっついていれば、回転に振り回されることなくただ前に進むことができますね。

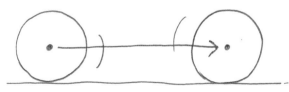

円周はクルクル回るが、円の中心は前に平行移動する

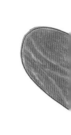

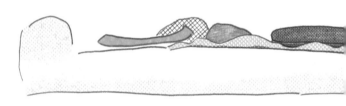

　自動車や電車は舗装された道路やレールの上でな
いとうまく走れません。そこで不整地を走らなけれ
ばいけない雪上車や戦車には、代わりに複数の車輪
をぐるりと一巻きした環状のベルトがついています。
この自前の軌道（レール）によって、地面の凸凹に
はまることなく無限に進めるのです。このことから、
環状のベルトは「無限軌道」と呼ばれています。う
まい名前だと思います。

　車輪のような回転体に刃をつければ、切断対象が
どんな大きさでも、どんな長さでも切ることができ
ます。それを活用したのが、ころころと転がす円形

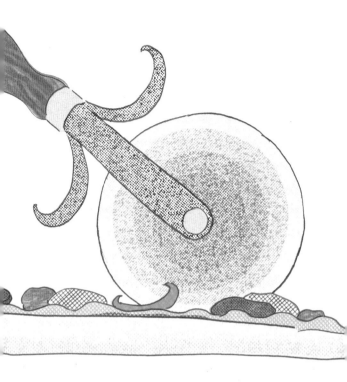

刃のピザカッターです。どんなに巨大なピザでも、ピザの直径に左右されることなく一気に切断することができます。雪上車や戦車の環状ベルトが「無限軌道」ならば、ピザカッターはさしずめ「無限刀」といったところでしょう。

均等な力を加える円

円形の刃にはもうひとつ特徴があります。それは、転がしているあいだは常に同じ大きさの力が加わるという点です。刃の中心から刃先までの距離は円の半径にあたり、常に同じ長さです。つまり持ち

手を押す力が一定ならば、ピザには常に同じ大きさの力が加わることになります。このしくみは、コロコロと呼ばれる粘着カーペットクリーナーや、芝生の整備などで使われる整地ローラーにも使われています。これらは円盤ではなく円柱を転がしていますが、それは目的が「切る」ではなく平面を「圧して均す」ためだからでしょう。円の特徴を理解することで、車輪、ピザカッター、整地ローラーとさまざまな道具を作りだすことができるのです。

　懐かしいイタリア生活を思い出すと、ピザの食べ方も日本とは少し違っていたなと感じます。ピッツェリアでは、ピザをひと切れずつテイクアウトできたいっぽうで、席で食べるときは一人前の丸いピザをナイフとフォークを使って一口ずつ自分で切り分けながら食べるのが一般的でした。

（註*）牛乳などに含まれているタンパク質

食べ物はその国の文化そのものですから、ピザカッターで一枚のピザを切り分けて皆でシェアする日本人の食べ方は、イタリア人からすれば一家言あるのかもしれません。けれども、ことブツリの視点でみれば、どちらも円弧の特性をうまく使った画期的な道具だと思います。

ハサミ｜空中の支点でてこ

　蟹のハサミは、貝殻を割るために力強く挟む「脱臼しにくいタイプ」と、泥をすくう用として間違って石などを挟んでしまっても折れないように「脱臼しやすいタイプ」があるそうです。蟹のハサミひとつとっても奥が深いですね。私たちも人差し指と中指を立ててV字を作り、2本の指を近づけたり遠ざけたりして切る動作をあらわします。じゃんけんのチョキは、2枚の刃をひとつの点で固定し、開いたり閉じたりするハサミの見立てとして、ブツリ的にもうまいなあと感心します。

てこの考え方

　ハサミは「てこの原理」を使った道具です。てこというと、すぐに「力点」「支点」「作用点」などの用語が出てきて、どこが何の点だか分からない、という声をよく聞きます。そんなときは、道具

かす

に力を加える点、道具が作用する点はどこかを考えてみてください。ナイフなら持ち手、鉛筆なら軸を握り、その手の力を使って、刃でパンを切り、芯で字を書きます。指などで道具に力を加える部分を「力点」、刃先やペン先など道具が何かに作用する部分を「作用点」と呼びます。ブツリっぽい名前ですが、字の意味を考えると分かりやすい命名だと思います。

てこの原理を利用した道具には、必ず動かない部分があります。そこが支えとなって力を増幅したり、力を違う方向にうまく伝えたりすることができるのです。動かない点ですから不動点とか固定点とか呼びたいところですが、動き全体を支える意味から「支点」と呼ばれています。ちなみに、私たちが美味しいといって食べている蟹のハサミのつけ根は、ハサミの先を動かすため

の支点にあたる筋肉や関節膜の部分です。

和バサミと洋バサミの違い

　ハサミは、おもに２種類のタイプに分けること
ができます。U字型の和バサミとX字型の洋バサミ
です。ハサミの歴史は古く、U字型のハサミは古代
ギリシャの時代に羊飼いが毛を刈ったり、毛織物の
毛羽立ちを整えたりする道具として、X字型のハサ
ミは帝政ローマ時代に登場し、硬い金属の切断など
に利用されました。

　ハサミはてこを使った道具ですが、和バサミと洋
バサミを比較してみると「力点」「支点」「作用点」
の位置が違っています。下の絵をご覧ください。洋
バサミは「力点─支点─作用点」と並ぶのに対し、
和バサミは「支点─力点─作用点」の順に並んでい
ますね。見た目が違うだけのようにみえますが、実

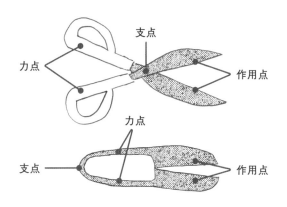

はそれぞれが出せる力の大きさにも違いがあります。

　このように、一口にてこの原理といっても、そのはたらきは「力点（力を加える点）」「支点（支えになる動かない点）」「作用点（対象に作用する点）」の位置関係によって、大きく３種類に分かれます。それぞれのてこの特徴をみていきましょう。

オーソドックスな「第１種てこ」

　洋バサミは「力点―支点―作用点」というように支点を中心に３点が並んでいます。これを「第１種てこ」と呼びます。多くの人がてこと聞いて思い浮かべる、下の絵のようなてこも力点と作用点のあいだに支点があるので第１種てこの仲間です。この並びの場合、「力点―支点」の距離が「作用点―支点」の距離より長ければ長いほど、小さな力を大きくすることができます。

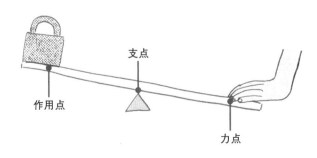

作用点　　支点　　力点

てこは支点となる台がなくてもはたらきます。た
とえば、1本の棒を軽く折り曲げれば、曲がった部
分が支点となって力点で加えた力をちゃんと作用点
で増幅できます。このしくみを利用しているのが、
L字型バールやくぎ抜きです。

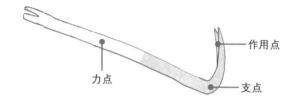

洋バサミの場合は、台を置くでも曲げるでもなく、
中心の留め具が支点となって、2つのてこがそれぞ
れ反対方向に動きます。こうしてみると、てこの使
い方ひとつで色々な道具になることが分かりますね。

スポーツで活躍する「第2種てこ」

第1種てこと同じように小さい力を大きくするの
が「力点―作用点―支点」の順に並ぶ、「第2種て
こ」です。一番外側に支点があるので、必ず「力点
―支点」より「作用点―支点」の距離の方が小さく
なります。そのため、加えた力より大きな力を作用
点に伝えることができます。
第2種てこを利用した代表的な道具に栓抜きが
あります。栓抜きは、持ち手（力点）を握り、もう

いっぽうの穴の空いた先端（支点）を王冠に引っ掛け、真ん中にある金具（作用点）で王冠の縁を押し上げて使います。このように、第1種てこは力点と作用点では逆向きの力が生まれますが、第2種てこは力点と作用点で同じ向きに力がはたらきます。

　変わった例では、手漕ぎボートのオールやスキーのステッキも第2種てこの仲間です。水中や雪中に差し込まれるオールやステッキの先端が「支点」になります。水や雪の抵抗によって先端が固定されることで支点の役目を果たすのです。オールやステッキを握る手の位置が力点で、支点と力点のあいだの作用点でボートやスキー板を前に動かしています。

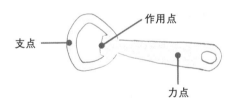

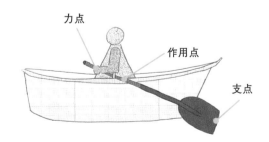

繊細な動きに長けた「第3種てこ」

　和バサミのように「作用点―力点―支点」の順に並んだてこを「第3種てこ」といいます。この並びでは「力点―支点」の距離よりも「作用点―支点」の距離の方が長いので、加えた力よりも作用点ではたらく力は小さくなります。それでは、てこの意味をなさないじゃないかと思うかもしれませんが、そんなことはありません。小さな力を大きくすることはできませんが、加えた力を細かく作用点に反映させることができるので力加減を調整しやすく、繊細な動きが可能になります。和バサミは細い糸を切るときに役立つ道具です。刃の代わりに作用点に細いつまみをつければ、化学実験や医療現場で活躍するピンセットになります。

　余談ですが、人間の身体にも、てこの原理で理解できる動きがあります。骨と骨をつないでいる関節を支点と考えると、骨に付着しているいくつかの筋（力点）に力が加わることで、その先にある手先や足先（作用点）が動くことが分かります。たとえば、肘を曲げるとき、上腕三頭筋のような外側の筋肉は第1種てこ（力点―支点―作用点）の並びになるので力強い動きがしやすく、上腕二頭筋のような内側の筋肉は第3種てこ（支点―力点―作用点）の並び

になるので、繊細な動きがしやすいと解釈できます。

このように「力点」「支点」「作用点」の位置関係を変えることで、大きな力を引きだしたり、細かく力を調整したりと、てこのはたらきを変えられるのです。

空中で「支え」を作るハサミ

ハサミは誰もが日に一度は使う生活に欠かせない道具です。空中を自由自在に舞いながら、キッチンで野菜を束ねるテープを切り、クローゼットで新品の洋服のタグを切り、玄関で宅配物の封を切ります。宅配の荷物がビニール紐から硬いPPバンドに替わった今日、どう頑張ってもハサミがなければ切れません。

ハサミの語源は「挟む」で、包丁にはできない「切る」ができます。同じ切る道具であっても、包丁は食べ物を一方向からの圧力で切り込んでいくため、まな板のような「支え」がないとうまく切断できません。ハサミの最大の特徴は、力を加えるための支えを自ら作りだせるところです。包丁にとってのまな板のように、ハサミが空中で切りたいものを動かないように固定するのは、他ならぬもう１枚の刃です。ハサミの持ち手を握るようにして近づけると、それと連動して２枚の刃が互いに近づき対象

を挟みます。2枚の刃で対象物をがっちり固定したまま、それぞれの刃が正反対の向きから食い込んでいくことで、対象物を逃すことなく切断できます。つまり、お互いの刃は、相手が切断するための"支え"となっているのです*。

　けれども空中で自由に動かせるとはいえ、むやみにハサミを動かさない方がうまく切れます。支点がぶれない方が、指の力がしっかりと刃先に伝わるからです。寄席で「紙切り」と呼ばれる切り絵芸を披露する芸人さんが、ハサミではなく紙をたくみに動かして作品を作り上げていく様子は、パフォーマンスの面もあるとは思いますが、ハサミの性質を理解した技だと感心してしまいます。

（註*）こんな想像をしてみてください。剣の達人ではない私たちが、ふらふらと蔓にぶら下がった瓢箪を刃物ですっぱり切り落とすことができるでしょうか。傷ぐらいつけられるかもしれませんが、絵に描いたようなスパッとした切断面には到底及ばないと思います。それは、ぶら下がった瓢箪に一方向から力をかけても、瓢箪は支えがないため加えた力の方向に一緒に動いてしまい、刃面から逃げてしまうからです。

　もし古代ギリシャの羊飼いが羊の毛を刈るのにナイフのような刃物を使っていたとしたら、いちいち切りたい部分の毛をつかんでは思い切り引っぱり、ぴんと張ってから刃物をあてないと、うまく切れなかったに違いありません。うっかりすると、羊の肌に傷をつけてしまいかねませんから、無駄なく刈るのは困難だったことでしょう。

摩擦にともなう現象のひとつに摩耗があります。摩耗とは摩擦*によってものの表面が削り取られていく、いわゆる「すり減る」現象です。靴の底が減る、包丁の切れ味が鈍くなる、タイヤの溝が浅くなるのは、どれも摩耗です。このような例を挙げると、摩耗は困った現象のように思われるかもしれませんが、そうとも限りません。

こすれて磨かれる

海ガラスというものをご存じでしょうか。砂浜を歩いていると、宝石のような、すべすべした半透明のガラスに出合うことがあります。これが海ガラスです。海ガラスは、捨てられたガラス瓶などの破片が、時間をかけてゆっくり波や砂に洗われ磨かれ

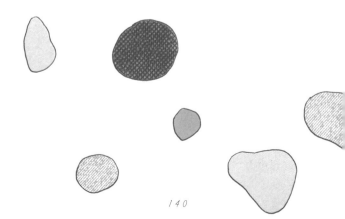

たものです。砂とガラスがこすれ合うと、どちらか柔らかい方の表面が壊されます。こうして硬いガラスにも無数の細かな傷がつき、最後には全体が白く曇って、表面がすべすべした丸みのある海ガラスへと変貌していくのです。海ガラスのように、ものは摩耗していく過程で汚れが落ちたり、角が取れたりして、表面がなめらかになっていきます。

　摩耗を人工的におこなうことを「研磨」といいます。新石器時代には、打製石器をさらに石や砂で磨いた磨製石器が登場しました。ものを研磨するための研磨剤も、昔は石や砂といった身近な天然素材を使っていたのです。研磨材は当然磨かれるものよりも硬くなければなりません。ギリシャのクレタ島で、今から約2000年前のものとされる青銅製のやすり

が発見されたことから、この時代にはすでに金属が研磨に使われていたことが分かります。他の素材と比べても金属は圧倒的に硬いので、研磨材としてうってつけだったのでしょう。今日では鉄をさらに硬くした鋼がやすりによく使われています。

硬いもので研磨する

ところで、ものの硬さは、どのように測ればよいのでしょうか。実はものの硬さを測る共通の測定方法や単位はありません。ブツリでは、硬さは「ほかの物体によって力を加えられたときの変形のしにくさ」を指します。ものの変形には、摩耗、破断、湾曲、伸び、縮み、ねじれなどいろいろあり、ものの材質や形状、加える力の大きさや向きなどの条件によって変形の仕方も異なります。そのため、それぞれの用途や目的に合わせて、さまざまな測定方法と硬さの定義が作られてきました。

たとえば、鉱物や鉱石の硬さは「モース硬度」であらわします。これは、硬さを測りたい石と硬さの基準となる石や物質とをこすり合わせて、どちらに傷がつくかで測定する方法です。硬さは10段階に分けられ、硬度1の石は爪で傷をつけられるほど脆く、硬度7以上になると人工物よりも固くなります。硬度10の石はダイヤモンドのみで、地球上

硬さを測りたい石と、基準となる石をこすり合わせ、
どちらが傷つくかでモース硬度を測定する

のどんな物質でも傷つけられない最も硬いものとさ
れます。ルビーやサファイヤ、ダイヤモンドなど硬
度 7 以上の石は、天然のものはその貴重さから宝
飾品として人気がありますが、人工的にも作ること
が可能なため、研磨剤としても広く使われています。

　日本では古くからトクサの茎やムクノキの硬い葉
裏が紙やすりのように使われてきました。12 世紀
ごろのヨーロッパでは、乾燥させた鮫皮が利用され
（鮫肌が役に立ったわけです）、その後、より硬度の
高いルビーやサファイヤなどの鉱物を接着剤で塗布
した布や紙のやすりに変わっていきました。

お互いにすり減っていく

　さて、この章のテーマは「きる」です。そもそも、
紙やすりは切る道具ではなく、削る道具じゃない

の？　と思う人もいるかもしれません。もちろん削る道具であることは間違いないのですが、削ることも切ることの一形態であると考えられます。ものを構成する原子や分子のつながりを破壊することが「切る」ならば、それを線ではなく面でおこなっているのが「削る」だといえます。

　紙やすりは効率よくものの表面を削ることのできる道具です。研磨とは、ものを人工的に摩耗させる行為であり、摩耗は摩擦にともなう現象であると冒頭で触れました。一般に凹凸の多いものほど摩擦が大きく、凹凸が小さくなるほど摩擦は減り、ものの表面はなめらかになっていきます。紙やすりは、粗目・中目・細目と研磨粒子の細かさに段階を作り、大きな凹凸から順に壊していくという方法で、ものの表面をすり減らしていきます。

#80　　　#200　　　#600

そして、紙やすりはものの表面をなめらかにする代わりに、自身も尖っていた砥粒が削れたり、台紙から剥がれ落ちたりして、すり減っていきます。研磨ではどちらかいっぽうだけが磨かれることはありません。お互いの凸凹が引っ掛かって生じる摩擦によってどちらも摩耗していく現象なのです。

　消しゴムも同じです。鉛筆によって紙に付着した黒鉛の粒を消しゴムでこすると、紙との摩擦よりも消しゴムとの摩擦の方が大きいため、黒鉛の粒は消しゴムの表面の凸凹にくっついて紙の上を滑ります。

消しゴムは強い摩擦力で黒鉛の粒を巻き込んで紙から引き剥がし、同時に自身の一部も削れて落ちていきます。紙やすりも消しゴムも文字どおり"身を粉にした"献身的なはたらきで、ものの表面を磨いているのです。

　ところで、大切にしているものが汚れたからといって、さすがに紙やすりでこする人はいないと思いますが、メラニンスポンジは使われがちです。水だけで汚れが落ちるので手間がかからない、洗剤を使わないので安心だ、ということで掃除には欠かせなくなっています。しかし、このスポンジはプラスチックの仲間でもあるメラニン樹脂というかたまりをぶくぶく発泡させて固形化したもので、空気を含んでいるため一見柔らかそうな印象を与えますが、硬いもので汚れを削り落とすという意味では紙やすりと変わりません。ものの表面を削って汚れを落としているのだという認識がないと悲劇が生まれます。曇り止め加工された鏡や塗装された車体などのコーティングされているもの、柔らかい金属などをメラニンスポンジでこすると、あっというまに細かい傷がつき、そこに汚れが入り込んで余計に汚くなります。くれぐれもご注意ください。

（註*）摩擦の現象では熱が発生します。やすりの類でもの
を磨き上げるときも、熱くなりすぎないように水をかけなが
らおこなうことがよくあります。これを原子や分子のレベル
で考えてみましょう。凝着説(→P80)のとおり、接触した原
子・分子同士は引き合います。それを外からの力で無理やり
引き離すと、次第に双方の原子・分子の振動が活発になり、
現象としては熱が発生したということになります。ランフォ
ード（→P200）が熱の正体を発見することができたのも、
摩擦のおかげということです。

　摩擦による熱の発生は、寒いときに体をこすって温まるの
がよい例です。地球が隕石で穴ぼこだらけにならないのも、
大気との摩擦でほとんどの隕石が燃え尽きるからです。小惑
星イトカワに行って、苦難の末地球に帰ってきたはやぶさ1
号も燃え尽きました。著者のひとりは燃え尽きる様子をイン
ターネットで見て号泣しました。とはいえ、有人の宇宙船が
燃え尽きてしまったら大変です。有人の宇宙船の先端には熱
に強い日本製のセラミック（焼き物）のタイルが貼りつけて
あるのだとか。誇らしいことですね。

紙やすりに砥粒を均一にくっつける方法

　紙やすりの砥粒は均一に紙に付着していますが、
どのようにくっつけているかご存じでしょうか。
これには静電気が利用されています。ものとものをこす
紙やすりの製造に活用されているなんて、摩擦と静電気

　具体的には、次のような方法で砥粒をくっつけていま
まず、紙やすりを製造する機械には、2枚の金属板が上
それぞれ電源のプラス極につないだ金属板はプラスに、
マイナス極につないだ金属板はマイナスに帯電していま
マイナスの金属板を上に、プラスの金属板を下にセット
ベルトコンベアに乗った砥粒は下の金属板を通る際にプ
いっぽう、上の金属板ではローラーで運ばれた台紙が接
プラスに帯電した砥粒は、マイナスに帯電した紙に引き
台紙にまんべんなく接着します。こうして紙やすりがて

　コピー機もこれと同じしくみで印刷をおこなっていま
トナー（黒鉛や顔料を付着させた帯電性のプラスチック
マイナス極からプラス極に向かってトナーを転写し、熱
ほかにも、ぬいぐるみやカーペット、自動車の塗装など、
均一にものをくっつけたい場合には静電気が用いられて

わせると発生する静電気が、

係は奥が深いですね。

向かい合うように設置されていて、

とすると、

の電気をもらいます。

が塗付された面を下にして待機しています。

られるように上に飛んでいき、

のです。

）と紙を帯電させ、

着させているのです。

す。

おいしいサラダを作るコツは、なんといっても洗った野菜の水切りにあります。ドレッシングをかけても、肝心の野菜がびしょびしょでは、美味しくありません。そうならないために頼りになる道具が、ざるです。洗った野菜をざるに入れて置いておけば、水は重力に従って自然にざるの目から滴り落ちます。

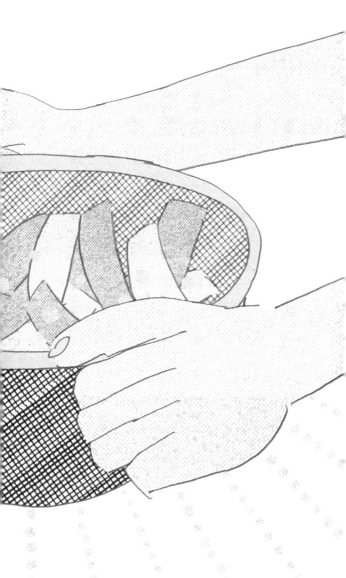

けれども、忙しい毎日の中でゆっくりと水滴が落ちていくのを待っている時間と心の余裕はありません。大抵の場合、ざるを軽くゆすります。急いでいるときには、ボウルをかぶせて野菜が飛び散らないようにして上下にぶんぶんと勢いよく振ったりします。なぜ、こうすると早く水が"切れる"のでしょう。

振ると水は飛んでいく

　ここに「慣性の法則」が潜んでいます。慣性の法則とは、「物体は外からのはたらきかけ（力）がない限り、静止している物体は静止を続け、運動している物体は運動を続ける」という法則です。分かりやすくいえば、床に転がした球は床との摩擦がない限り、永遠に転がり続けるということです。

　洗った野菜をざるに入れて下に向かって勢いよく振り下ろすと、慣性の法則により、野菜と野菜についた水滴はその場に留まろうとし、一瞬ざるから離れます。その後、重力に引かれて落下します。このとき野菜の落下する動きはざるによって止められますが、野菜についていた水滴はざるの目を潜り抜け、重力に引かれるがままに落ち続けるので、ざるを上下に振るだけで水切りができるのです。

　なぜ、慣性の法則が成り立つのでしょうか。それは、すべてのものには運動状態を保ち続けようとす

る「慣性」という性質があるからです。それでは説明になっていないじゃないかと思うかもしれませんが、"なぜ物体が慣性をもつのか"という問いは、ブツリではなく哲学の領域になります。"すべての物体は慣性をもつのだ"という事実を受け入れた上で、理論を構築していくのがブツリの考え方なのです。

ガリレオが発見した慣性の法則

では、慣性の法則はいつごろ見出されたか、ご存じでしょうか。最初にこの法則を明らかにしたのは、近代科学の父とも称されるルネッサンス時代のイタリアの物理学者、ガリレオ・ガリレイです*。ガリレオは慣性の法則について著書である『天文対話』で、このように記しています。

「動いている船のマスト（帆を張るために甲板に垂直に立てられた棒）の上から石を落とすと、石は手から離れた後もマストに沿って落ち続け、船が静止している場合と同じ時間、同じ位置（マストのすぐそば）に落下する。慣性の法則がなければ、船は前方へ移動し、石はまっすぐ下に落ちるから、船が進んだ分だけマストの後方に着地するはずである。マストのそばにしかも同じ時間で落ちるということは、石は手から離れた後、落下しつつも慣性の法則により船と同じ速さで前に進み続けたということに

なる」

　ガリレオは、船が動いていても動いていなくても、マストの上から落とした石が同じ時間、同じ位置に落下することから、落ちていく石も船と同じ分だけ進んでいるのではないかと考えました。

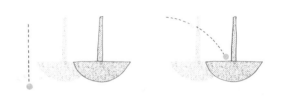

石が船と一緒に動かないとすると、船だけが前進し石は海に落ちる（左）。マストのすぐそばに落ちるということは、石も船と一緒に前に進んだことになる（右）

　ガリレオの考察にピンとこない人は、こんな想像をしてみてください。地球は自転しています。その速さは赤道付近では時速1700キロメートルくらいです。慣性の法則が成立しないとすると（つまり、その場でジャンプして空中にいるあいだ、地球の自転とともには動かないとすると）、私たちは1秒間ジャンプするごとに470メートルくらい地球上を移動する計算になります。ということは、何度かジャンプするだけで、電車やバスに乗らなくても地球

の自転の反対方向であれば、けっこうな距離を移動することができますね。しかし、現実にはそんな映画やゲームの中のような現象が起こるはずもなく、残念ながら、その場で思い切り飛び上がってもちゃんともとの位置に着地します。これは、地球から足が離れた後も、私たちの体はちゃんと地球と同じ速さで同じ方向に動き続けているからなのです。

慣性の法則は「地動説」を唱えたガリレオだからこそ思い至った法則といえます。ガリレオが、コペルニクスの地動説を支持したとき、周りの学者は「手を離したらものが真下に落ちるのは地球が動いていない証拠だ」「地球が動いているのなら別の場所に落ちるはずだ」と主張しました。それに対するガリレオの答えが、先の『天文対話』だったわけです。ガリレオは慣性の法則などをもとに地動説を主張しましたが、ローマ教会の権力が強かった時代には、教会を脅かす考えだとして地動説が受け入れられることはありませんでした。

ざるを回転させて水を切る

話をざるに戻しましょう。最近ではサラダスピナーと呼ばれる、ハンドルをぐるぐる回して水切りするタイプのざるも登場しました。これはボウルとざると蓋がワンセットになっていて、ざるの中に洗っ

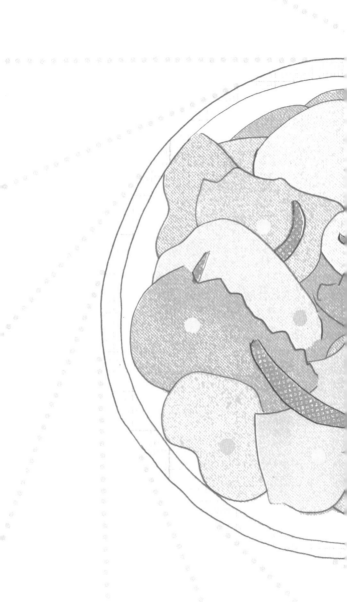

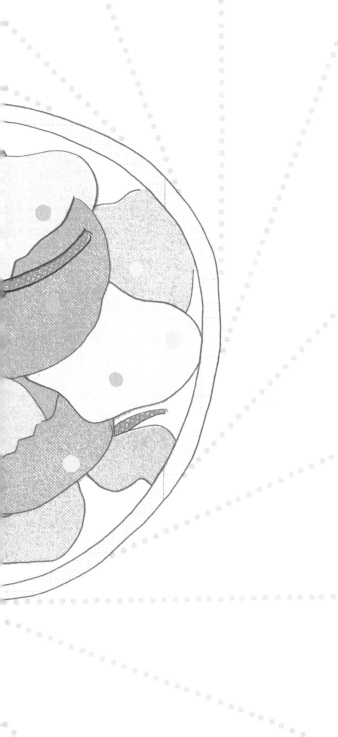

た野菜を入れて蓋をし、蓋についているハンドルを
ぐるぐる回すと、あら不思議、ざるの中でいつのま
にか水切りができているという便利グッズです。

　サラダスピナーは上下に振る代わりに回転させて
いるわけですが、慣性の法則を利用しているという
点ではふつうのざると原理は同じです。回転で水切
りをするしくみについては、次のような例で考えて
みると分かりやすいと思います。

　乗車しているバスが発車するとき、体が後ろに傾
くことがありますね。発車時はバスに接している足
は前に進みますが、体は慣性の法則でその場に留ま
ろうとするため後ろに傾きます。逆にバスが停車す
るときは、足がバスとともに止まっても体は動き続
けようとするので前のめりになります。さらに、バ
スが左折するときは、体はそのまま直進を続けよう
として右へ傾きます。サラダスピナーでは、このバ
スが曲がるときと同じ現象が起こっていると考えら
れます。

　サラダスピナーのハンドルを回すと、ざるの中の
野菜は致し方なく一緒に回り始めます。野菜はバス
がカーブを曲がるときの乗客と同じように回転しな
いで、まっすぐ進もうとするのですが、ざるによっ
てその動きが止められてしまいます。いっぽう野菜
についた小さな水滴は、ざるの目をかいくぐって、

そのまま外に飛び出ていきます。こうして野菜についた水滴を回転によって振り飛ばしているわけです。洗濯機の脱水も、濡れた頭を左右に振って水気を飛ばす犬も原理は同じです。

　私たちの身の回りの現象や何気ない動作は慣性で溢れています。濡れた傘を無意識に床にトントンと打ちつけるのも、慣性を使っているよい例です。慣性とは変化を好まないものの性質のことで「惰性」ともいいます。水を切るのは簡単でも、毎朝布団から出るのが億劫なように、私たちの日頃の惰性を断ち切るのはなかなか難しいものです。

　（註*）ガリレオが近代科学の父と呼ばれるのは、実験や観察をもとに理論を組み立てた最初の科学者だったからといえます。ガリレオ以前の学者は、古代ギリシャのアリストテレスの考えや聖書の教えを信奉し、実際に確かめようとはしませんでした。アリストテレスは重い物体は速く、軽い物体はゆっくり落ちると考え、ガリレオの時代の周りの学者もそれを信じて疑いませんでした。
　しかし、ガリレオはピサの斜塔から重さの異なる物体を落とし、ほぼ同時に落下することを確かめました。そして、空気の抵抗を考慮すれば、どんなものも「同時」に着地すると考えたのです。この実験をガリレオが実際におこなったかどうかは諸説ありますが、たしかに記録が残されています。また、ガリレオは「思考実験」から推論して法則を導きだすという方法をよく用いました。船のマストの実験も『天文対話』に記されている実験のひとつです。

COLUMN 遠心力はまぼろし

　よくサラダスピナーの商品説明欄に「遠心力によって
これはブツリ屋からすると間違った表現といえます。遠
つまり実在しないものだからです。いわば「気のせい…

　分かりやすく説明するために、先ほどのバスの例を思
実はこの現象には２通りの見方ができます。

　バスが発車するとき、バス停に立っている人から見ると
乗客は慣性によって後ろに傾いているように見えます。

　では、バスの乗客はどう感じているのでしょうか。
バスの発車時、乗客は進行方向とは逆向きに見えない力
このときに乗客が感じる力のことを「慣性力」といいます
乗客からすれば「慣性力によって体が後ろに傾いた」と

　とくにバスがカーブを曲がるときのように、
回転運動や回転に近い運動のときの慣性力を「遠心力」
ただし、遠心力を含めた慣性力がはたらいているように
バスの発車時の慣性力は乗客だけが感じる力であり、バ

　サラダスピナーの場合で考えてみましょう。ざるの中
水滴は遠心力を受けてざるの外へと飛び出していくように
しかし、一緒に回っていない私たちからすれば、水滴は
つまり、冒頭の"遠心力によって水が飛ばされる"は、ざ
サラダスピナーを使う私たちに向けた文言なら「慣性に

　洗濯機の広告も同じです。「強力な遠心力で脱水する」
私たちも洗濯物といっしょに回転しなくてはなりません。

　このように、同じ運動でも立場によって見え方、感じ
すべての運動は相対的であるとしたアインシュタインの

飛びだした水滴は慣性により接線方向にまっすぐ進むが、回転する野菜には、水滴が外から力を受けている（遠心力がはたらいている）ように見える

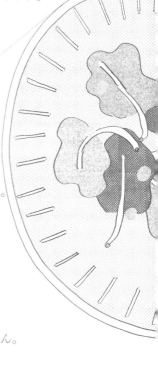

飛ばされる」と書いてあるのを見かけます。

とは客観的に存在する力ではない、

ぼろし…」の力なのです。

してみてください。

方的に押されているように感じます。

することができるのです。

います。

るのは、当事者だけです。

にいる人には感じることができません。

緒に回転している野菜からすれば、

ます。

によって自らまっすぐ進んでいるように見えます。

中の野菜から見た現象であり、

て水が飛んでいく」が正しい表現になります。

うためには、

異なるということは、

性理論につながる重要な考え方です。

たもつ道具

「ゆく川の流れは絶えずして、しかも、もとの水にあらず」というように、移り変わりは世の常です。時間の経過とともに、形あるものは壊れ、彩り豊かなものは色褪せ、温かいものはぬるくなります。

しかし、先人たちは、そんな自然の流れに果敢に挑んできました。「たもつ道具」はその真骨頂ともいえます。散らばるものは揃えたい、温かいものは温かいままにしたい……。たもつ道具は、そのような思いやる気持ち、いわば「愛」も保たれていることを感じていただけたらと思います。

教員をしていると可愛らしい文房具に出合います。ゼムクリップひとつとっても、ピンクや青にコーティングされたもの、動物のシルエットを模（かたど）ったものなど、さまざまなデザインがあって見飽きません。地味な事務連絡の書類もこうしたゼムクリップで留めてあると、ほっこりします。まさに文房具は学校や職場に潤いを与えてくれる存在です。

弾性力を使って状態を保つ

ゼムクリップは、ばらばらになりやすい書類をさっと束ねて「保つ」のに便利な道具です。見た目はいろいろですが、しくみはどれも一様で「1回半ほど巻いた針金のあいだに紙を挟む」だけ。ゼムクリップは、指で広げられた針金がもとに戻ろうとする力、すなわち針金の弾性力で紙の束を締めつけています。フォークも食べ物の弾性力を使って持ち上げていました（→P68）。

このように、ある状態を「保つ」ための道具には弾性力を利用したものがたくさんあります。輪ゴムは伸ばされた分だけ縮も

うとする力で野菜の束やお菓子の袋を締めつけています。ほかにも、ラップは引っぱられた分だけ縮もうとする力で容器の縁にぴったりと張りつき、空気の侵入を防いでいるのです。

1本の針金で
紙の束を留める

　1本のまっすぐな針金では紙を挟めないことは、誰が見ても明らかです。そもそも金属でできた細くて硬い針金に紙を押さえるほどの弾性力があるとはとても思えませんね。けれども、伸び縮みしなさそうな針金にもちゃんと弾性はあります。たとえば、断面が1平方ミリメートル、長さ10センチメートルの針金を縦にして上端を固定し、下端に100グラムの重りをぶら下げると、全体で0.00005センチメートルくらい伸びます。

　今度は、同じ針金を横向きにしてみます。横にして片方の端を固定し、もういっぽうの端に同じ100グラムの重りをぶら下げ

ると、まっすぐな状態から約２センチメートルも伸びます。これは針金の各部分の歪み自体は同じなのですが、横にすると歪みの方向が少しずつ変わり、端にいくほど大きく歪むためです。大きく歪むほど、もとに戻ろうとする力である弾性力も大きくなります。ものは加えた力の分だけ変形し、変形した分だけ弾性力を及ぼすので、加えた力とものの弾性力は同じ大きさになるのです。

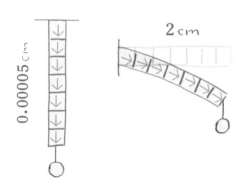

針金の各部分の歪みは同じだが、横にすると歪みの方向が少しずつ変わるため、端にいくほど歪みが大きくなる

　針金を横にして曲げたときの弾性力を利用したのが、髪を留めるヘアピンです。まっすぐな針金を二つ折りにしたヘアピンを外向きに広げようとすると、それに抵抗して内向きの弾性力がはたらきます。ゼムクリップの場合は、さらに１回半ほど巻いていま

す。巻くことで二つ折りよりも弾性力が増し、さらに強い力で紙を留めることができるのです。

巻き数を増やすとどうなる？

では、巻き数を増やすと、どうなるでしょうか。針金を棒状のものに重ならないように少しずつずらしながら巻きつけていくと、いわゆる「ばね」になります。このように巻いて作ったばねはコイルばねと呼ばれ、弾性力に富むためベッドのスプリングなど生活の至るところで使われています。

コイルばねは1543年ごろに種子島に鉄砲の部品として日本に伝来したといわれています。そして、イギリスの物理学者、ロバート・フックが「フックの法則」*を発表したのは1660年のこと。フックが発見したのは「ばねに加える力とその伸び（または縮み）は比例する」という法則です。つまり、ばねに加える力を2倍にすると、ばねの伸び（または縮み）も2倍になります。

コイルばねには、ボールペンの中に入っているような押しばねや、自転車のスタンドに用いられる引きばねなど、さまざまな種類があります。力の加え方や変形の仕方は違っても、フックの法則の「伸び」を「変形量」といいかえれば、どんなばねにも"概ね"法則があてはまります。"概ね"といったのは、

加える力がそれぞれのばねがもつ限界を超えると、変形ではなく切れたり壊れたりするからです（弾性限界→P70）。

コイルばねは巻くことにより、材料である針金よりも大きく伸びたり縮んだりします。ボールペンの中の小さなコイルばねを観察してみてください。重ならないようにずらして巻きつけられた針金は少しずつねじれています。ねじれも変形のひとつで、もとに戻ろうとする弾性力がはたらきます。コイルばねは各部分のねじれが足し算されるため、伸びたり縮んだりしやすいのです。

ねじれを大きくしたゼムクリップ

ばねにはたくさんの種類があります。ダブルクリップは板ばね、ゼンマイは渦巻ばねに分類されます。ゼムクリップはというと、線細工ばねの仲間です。文字どおり細いワイヤーを曲げて作る線細工ばねは、ほかにもヘアピンや泡だて器などがあります。線細工ばねは、自由な形に加工しやすいのですが、その分すぐに弾性限界を超えてしまうので、ばねといっても

フックの法則はあまり成り立ちません。

　全体の弾性力こそ巻き数の多いコイルばねに及び
ませんが、ゼムクリップは渦巻き状に平たく巻いて
いるので、指で広げたときのねじれはコイルばねよ
り大きくなります。そんな観点で見ることはないと
思いますから、ぜひゼムクリップのあいだを指で広

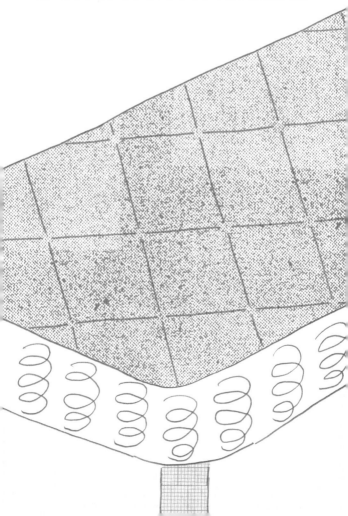

げて、曲がっている部分のねじれ具合を比べてみてください。ねじれを大きくすることで、ゼムクリップは1回半という少ない巻き数でも、紙を挟んで保つのに十分な弾性力をはたらかせているのです。

　ゼムクリップやコイルばねを伸ばすと1本の針金に戻ります。何の変哲もない1本の針金を折ったり曲げたりして弾性力を高め、ばねの法則性を見出し、今日のような多様なはたらきへと発展させた先人たちの知恵と探求心には頭が下がります。ばねは書類を挟むという小さな役割から、乗り物や建造物を支えるという大きな役割まで、私たちの生活になくてはならない存在です。そんなはたらき者のばねですから、ボールペンの芯を変える際に、ぴょんと飛び出してしまってもムッとしないで、やさしく扱ってあげてくださいね。

（註*）「フックの法則」はばねだけでなく、ゴムなどの弾性
をもつものすべてに成り立ちます。加える力とものの伸びま
たは縮みが比例するという法則において、比例する割合を弾
性定数、ばねの場合は「ばね定数」といいます。式で書くと
こんな感じです。

[加える力（弾性力）＝ばね定数×伸びまたは縮み]

　ばね定数はばねの「固さ」を表します。ばね定数が大きい
ほど縮めたり伸ばしたりするのに大きな力が必要となる、す
なわち「固い」ばねということになります。ベッドには太い
針金でできた固いスプリングが使われます。ベッドのスプリ
ングのように、ばね定数が大きいばねは少し縮めるだけでも
もとに戻ろうとする弾性力が大きいので、しっかりと体を支
えられるのです。ようするに、縮みにくいものはもとに戻り
にくく、縮みやすいものは簡単にもとに戻るということです。

つまみを下げると開き、上げると閉じる。上着やズボンの開閉に欠かせないあのパーツ、皆さんはどのように呼んでいますか。この本の打ち合わせでは、編集者さんはジッパー、私たちはそれぞれファスナー、チャックと全員ばらばらな呼び方をしていました。洋服などに使われる帯状のファスナーのことを正確には「線ファスナー」と呼ぶそうです（ちなみに、ジッパーは開閉の音を表すzipから、チャックは日本で初めて製品化されたときに巾着をもじってつけられたといいます）。日常でよく使う部品ですが、どのようなしくみではたらいているかご存じでしょうか。

便利なかぎ状の道具

線ファスナーは一度閉めたら、つまみを動かさない限り、ほとんど外れることがありま

じる

せん。つまみを動かせば簡単に開きます。な
ぜ簡単に開けたり閉めたりできるのか、その
理由を一言でいうならば「かぎ状」の部品を
使っているからだといえます。

　かぎ状のものといえば、猫や鷹などの動物
がもつ、かぎ爪が思い浮かびます。内側に湾
曲した鋭い爪は獲物をつかんだり、地面や木
に引っかけて体を支えたりするのに役立ちま
す。太古の釣り針*が遺跡で見つかっている
ように、かぎ状の道具は古くから使われてい
ました。現代でも家の中を見渡せば、ハンガ
ーにS字フック、壁掛けフック、シャッター
やスクリーンを下ろす引っかけ棒、編み物に
使うかぎ針、洋服やサンダルについている大
小さまざまなかぎホックなど、例を挙げれば
キリがありません。

外れにくいフックの形

　かぎの特徴は「一度引っかかると簡単には外れない。引っかかりを外せば、再び自由に動かせる」ことです。ここで『ピーター・パン』に登場する悪役、フック船長の義手を思い浮かべてみてください。仮にフック船長があの恐ろしいかぎ状の義手を甲板の手すりに引っかけたとしましょう。手前に引いても義手は手すりに引っかかって外れません。斜め上、斜め下、いろいろな向きにまっすぐ引いても、大抵の場合は外れないと思います。ただひとつ、手すりに引っかけたときの動作をそのまま巻き戻すように動かせば、つまり引っかけたときの角度の変化を逆に辿れば、簡単に外すことができます。「引っかけたときの動きを“巻き戻す”ことでしか外せない」、これがもうひとつの重要な特徴です。

かぎ状のものは「外れる角度」に向けない限り外れない

このしくみを理解すると、釣り針がかぎ状になっている理由にも納得します。針にかかった魚はまっすぐ前(釣り針が外れる向きとは逆)に泳ぐので、針はどんどん体に食い込みます。いっぽう釣り上げた人が手を使えば、簡単に釣り針を外すことができるというわけです。

閉じたら外れないフックのしくみ

　フックが簡単に外れないとはいえ、ある角度に向いたときに外れてしまう可能性があるのなら、洋服やズボンを閉じるパーツとして少し頼りない気がしますね。いったん閉じてしまえば「どんな角度に向いても外れない」という安心感が欲しいものです。

　引っかけたら二度と外れないための方法をいくつか考えてみましょう。まず思いつくのは、引っかけた後にフックの開口部をふさいでしまう方法です。作業用ロープについたフックや登山用のカラビナを見ると、外れ止めやばね金具と呼ばれる留め具がついています。引っかけた後に、こうした留め具でフックの口をふさいで環状にしてしまえば、外れる恐れはありません。このほかにも、外れる向きに回らないようフックを固定して、フックの自由を奪ってしまう方法があります。線ファスナーはまさに後者のしくみを利用しています。

フックの向きを固定する

　線ファスナーは、つまみを上げると閉じ、下げると開きます。開いたファスナーを見ると2本の列があり、それぞれに務歯と呼ばれるかぎ状の歯がびっしりと並んでいます。この2列のあいだをスライダーと呼ばれるつまみが上下に行き来することで、左右の歯が互い違いに組み合わさったり外れたりして、自在に開閉できるしくみになっています。このように、左右の務歯を互いの隙間にはめ込んで固定することで、ひとつひとつの務歯の自由な動きを奪っているのです。

　詳しく説明すると、1列に並ぶ務歯と務歯のあいだは、ちょうど務歯ひとつ分

の隙間が空いています。スライダーは左右の列を引き寄せては、それぞれの務歯を少し傾けて、互いの隙間に次々とはめ込んでいきます。一度隙間にはまり込めば、上下の務歯が相手の動きを邪魔し合い、互いに身動きがとれなくなるので、外れる向きに傾くことはありません。すべての務歯はテープで布地に貼りつけられているため、斜めや横に強く引っぱられても、ひとつの務歯が単独で「外れる角度」に傾くことはないのです。

これを外す方法はただひとつ。フック船長の義手と同じく、引っかけたときの動作を巻き戻せばよいでしょう。スライダーを下ろすと、スライダーの

中の突起がかみ合っている務歯と務歯を強引に押して浮かし、引っかけたときの角度に戻します。この角度こそが唯一の「外れる角度」です。外れる向きに傾いた務歯は来た道を戻るようにスライダーの中で左右別々の方向へ進み、離れていきます。こうしてスライダーを下げるだけで次々にかみ合っていた務歯が外れて、1列に閉じていた線ファスナーはいともたやすく開くのです。

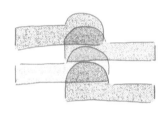

左右の務歯が交互に組み合わさり、
それぞれの隙間にぴったりとはめ込まれる

作用反作用の力で引っぱり合う

　きついジーンズを無理やり履いたときなどは線ファスナーが壊れないかとはらはらしますが、案外平気だったりします。これは、かみ合っている左右の務歯が互いに同じ大きさで、かつ反対方向に力を及ぼし合うことにより、動きが固定されるためです。つまり、どちらかいっぽうに強く引かれても、同じ

力で引き返すので、動じることはないのです。このように、２つの物体が及ぼし合う力の関係を「作用反作用の法則」＊といいます。これはニュートンがまとめた運動の３法則のひとつです。

　作用反作用の法則は２つの物体が接触している場合のみ成り立ちます。たとえば壁にぶつかったとき、私の体は壁を押すと同時に、反作用の力で同じだけ壁から押し返されます。見えなくとも力は必ず接触したもの同士のあいだに生じる「相互作用」なのです。壁から手が離れれば、その瞬間に反作用の力もなくなります。

　相互作用なので、どちらかがより大きな力で相手を動かしたということもありません。相撲で力士の体がぶつかり合うとき、体格のよい方がより大きな力で相手を押したように見えますが、実際はそうではありません。力は作用反作用の法則のもと必ず同じ大きさでお互いにかかっています。体が小さい人の方が遠くに吹っ飛ばされてしまうのは、体が大きい人より軽い、つまり質量が小さく、同じ力を加えた場合により簡単に動かせるからです。

　閉じた状態の線ファスナーも、かみ合った務歯が作用反作用の力で互いに同じ力で引き合っています。どちらかいっぽうに強く引かれても、同じだけ引っぱり返しますから、滅多に外れることはありません。

作用反作用の力が相互作用であることが分かると、いろいろなことができるようになります。たとえば、ロケットの打ち上げ。発射時のロケットの推進力は、燃料ガスの噴射で地面を押し、地面から押し返される反作用の力を使っています。そのため、地球から脱出する上で必要な推進力さえ計算できれば、後はそれと同じ大きさの力を生みだす燃料を用意すればよいというわけです。線ファスナーも、ロケットの発射も、私たちの生活はすべて相互作用の力で成り立っています。

（註*）人類は動物の爪や角からヒントを得て、古代からかぎ状の道具を作ってきました。沖縄のサキタリ洞遺跡では２万３千年前の釣り針らしいかぎ状の貝製品が出土しています。中国では紀元前 500 年の戦国時代に武器として使われた記録があります。

（註‡）作用反作用の法則は、中学や高校のブツリで生徒にもっとも軽んじられる法則だと思います。ほとんどの生徒が「だから、何なんだよ」と思っています。かくいう著者のひとりは、物理に心惹かれるも成績は低迷していた高校時代、作用反作用の法則の問題がきっかけで、展望が開けました。それは、こんな問題です。

　「馬が馬車を引くと、作用反作用の法則によって馬車は同じ大きさの力で馬を引き返す。従って、馬は動くことができない」

　もちろん、馬は馬車を引いて動きだすことができます。では、この文章の問題点は何でしょうか。読者の皆さんも、まずは考えてみてください。

答え
　馬が動けるかどうかは、馬が受ける力によります。馬車を前に引いた分だけ、馬は馬車によって後ろに引かれますが、それより大きい力を受ければ、前に進めます。その力とは地面による反作用の力です。つまり馬は、馬車に引かれる力より大きな力で地面を踏みしめ、その反作用の力を地面から受けることで前に動きだせるのです。

つく

　接着剤や粘着テープはいろいろなものにくっつく
ので便利です。しかし、浴室などの水気の多い場所
では水の分子が接着する分子のはたらきを邪魔して
しまい、うまくくっつくことができません。そんな
ときに役立つのが、吸盤*です。柔らかいゴムのよ
うな素材を壁にギュッと押しつけると、あら不思議、
そのままくっつきます。吸盤は壁をほとんど傷める
ことなく、強力なものであれば10キログラム程度、
1歳半の子どもの体重くらいまで耐えられます。

　吸盤が接着剤や粘着テープがくっつかないところ
でも難なく接着できるのは「空気の力」でくっつい
ているからです。目に見えない空気に、どんな力が
潜んでいるのでしょうか。

四方八方から押す空気の力

　空気は軽いものと思われがちですが、まとまると
けっこうな重さがあります。この重さがのしかかっ
て地上を押しているのが、空気の圧力である大気圧
（→P26）です。大気圧の大きさを実感できる簡単
な実験があるのでご紹介しましょう。

　まず、机の上に下敷きを置きます。右の絵のよう
に下敷きの中心にセロハンテープで紐をくっつけた
ら、ゆっくりと紐を真上に引っぱり上げてみてくだ
さい。軽いはずの下敷きが、なかなか持ち上がらな
いと思います。これは大気圧が下敷きの面全体を下
に向かって押しているためです。

　さて、ここで注意したいのは、大気圧は「下向
き」にはたらいているだけではない点です。先の実
験では下敷きの上にしか空気はありませんでしたが、
大気中にいる私たちは四方八方から空気に押されて
います。空気では感じにくいという人は、水中に潜
ったときのことを思いだしてみてください。水中で
は、体全体が水に押される感触があります。これは
動き回る水分子があらゆる方向からぶつかり、私た
ちの体を押しているからです。同じく大気圧も空気
に触れ合うすべての面を押しています。私たちは海
の底ならぬ大気の底に生きているのです。

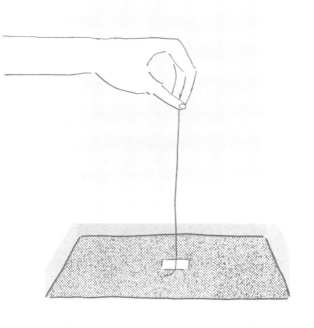

下敷きには目に見えない大気圧の力がはたらいている

　四方八方からそんなに押されていては、つぶれて
しまうのではないかと不安になるかもしれませんが、
大丈夫です。私たちの体は外の空気や水の分子に押
されても、体内の水分などで押し返しているので、
決してつぶれたりはしません。

空気の力でくっつくしくみ

　空気を構成しているのは、酸素や窒素などが混じ
った気体です。気体の分子は空中を自由に飛び回っ
ています。ただ、温度や高度などさまざまな理由で、

その密度は均一ではありません。空気が温められたり冷やされたりすると、部分的に気体分子の密度の高いところと低いところが生まれます。密度の高い空気は"空気の粒が混み合っている状態"なので、少しでも空いている方、つまり密度の低い方へと動きます。これが風の正体でした（→P41）。

　密度の高い空気と低い空気とのあいだに仕切りを設けて空気の移動を妨げると、密度の高い空気はその仕切りをぐいぐいと押します。吸盤は、この空気の性質を利用して壁にくっついているのです。吸盤をギュッと壁に押しつけると、吸盤と壁とのあいだにある空気は一度外に押しだされます。そのまま吸盤と壁とが隙間なくくっついて、外から空気が入り込むのを防ぐと、吸盤と壁とのあいだには周囲よりずっと空気の密度が低い空間ができます。吸盤の周りの空気は、なんとかその空間に入り込もうと吸盤をぐいぐい押します。このように吸盤は内側と外側で空気の密度の差を大きくすることで、常に外の空気に押され続ける状態を作っているのです。

空気がない状態とは？

　では、"空気がない"とはいったいどんな状態なのでしょう。空気をすべて追いだすと「真空」になります。真空とは何かと聞かれたら、空気などの気体

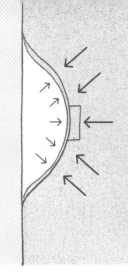

吸盤は内と外に気圧差を作ることで、大気圧の力を利用して壁に張りついている

が一切ない状態だと答えたくなります。哲学的にいえばそうですが、現実にはそんな完璧な真空は存在しません。宇宙空間でさえ、たとえば銀河系内には星と星のあいだにチリや水素、窒素、メタンなどのさまざまな気体が存在していて、銀河系の外に出たとしても、1メートル四方にひとつくらいは何かの原子があると考えられています。

　では、真空パックや真空管の「真空」とは何を意味しているのでしょうか。それは、あくまで"極端に空気が薄い状態"、つまり空気の密度が極めて低い空間という意味で使われています。どのくらい空気が薄くなれば真空とみなしているのかというと、圧力の単位パスカルを使った真空度で区別されています。ＩＳＯ（国際標準化機構）の定義では、高真空は0.1パスカル以下としています。これは、私た

ちが生きる地上の大気圧が 10 万パスカル余りであることを考えると、もう"真に空っぽな状態"といっても問題ないくらいの極めて低い空気の密度です。

真空を作りだすゲーリケの実験

ところで、人類はいつごろから空気を追いだすようになったのでしょうか。古代ギリシャの時代、哲学者のアリストテレスは、空間は必ず何らかの物質で満たされていて「真空なるものは存在しない」といいました。この考えは 2000 年にわたって継承されたのですが、17 世紀に気圧計とポンプが発明されると、それをきっかけに空気を容器から極限まで抜いて真空に近い状態を作ろうとする研究が盛んになっていきます＊。

最初にその実験に成功したのは、ドイツの科学者オットー・フォン・ゲーリケでした。ゲーリケは手

動で空気を抜くポンプを作り、当初はビールの樽を真空にしようと試みましたが、隙間だらけの木製の樽ではうまくいくはずもありません。工夫を重ねた結果、気密性の高い銅でできた直径40センチメートルほどの半球を2つ向き合わせて中空の球を作り、手動ポンプで中の空気をほぼすべて抜くことに成功しました。すると、内側が真空に近い状態となった半球同士は互いにしっかり張りついてびくともしなくなりました。まさに内外の気圧差によって強力な吸盤が生まれたのです。

　これをドイツの皇帝の前で正式に披露したのが、有名な「マグデブルグの半球実験」です。なんと、それぞれの半球を16頭の馬（1トン以上の重さに相当する力）で反対方向に引っぱり合っても離れなかった様子が絵画に描かれています。当時の人々はこの光景を見て、さぞや仰天したことでしょう。

ちなみに、私たちが日ごろ使っている吸盤の場合、吸盤と壁とのあいだに生じる空気の密度はどのくらいなのかというと、周囲の密度の2割くらいです。つまり8割の空気が減っただけなので真空とは呼べませんが、その程度で棚まで吊るせるのですから、空気の力を甘くみてはいけません。

宇宙空間で吸盤はくっつく？

　吸盤内部の空気が真空に近くなるほど、周りの空気が押す力も強くなるので、ゲーリケの実験が示すように吸盤は強力にくっつきます。

　では、空気がほとんどない真空中で吸盤を壁に押しあてたなら、どうなるのでしょうか。宇宙空間でタコは吸盤を使って体を支えることができるのでしょうか。答えはノーです。大気がなければ、吸盤を押す周りの空気の力も存在しないからです。道具の吸盤もタコの吸盤も、宇宙空間では何の役にも立たない、ただの柔らかいカップになってしまいます。

　さらにいえば、大気がある地球上でも、吸盤が壁面に張りついていられるのは「吸盤の内と外で空気密度の差を作っているあいだ」だけ。吸盤と壁とのあいだにわずかでも隙間が生まれたら、すぐさま外の空気が入り込んで気圧の差がなくなってしまい、吸盤は壁からぺろんと剥がれ落ちます。空気分子は

わずかな汚れや凹凸による小さな隙間も見逃しません。なんといっても、空気分子は汚れの分子よりはるかに小さいのですから。

（註*）吸盤は自然界にも存在します。タコやコバンザメなどの水中で生活する動物は吸盤をもち、体を固定するために使っています。ちなみにヤモリの足先は吸盤のように見えますが、高倍率の顕微鏡で観察すると、無数の極細の毛による分子間力（分子同士が引き合う力）で壁などにくっついていることが判明しました。また、イカの足にも吸盤のようなものがありますが、これはかぎ針のような形でひっかけてくっつくしくみになっています。

（註*）17世紀以降、真空ポンプは大流行しました。黎明期の近代科学の様相を風景や人物画で残したイギリスの画家、ジョセフ・ライトの作品に、知識階級のサロン風景を描いた『空気ポンプの実験』という題の作品があるほどです。

コルク栓 | 生物由来の素材

　ワインやシャンパンの瓶にぴったりとはまっているコルク栓。これをスマートに開けるのは至難の業です。コルクは古代ギリシャ・ローマの時代にはすでに壺や樽の栓、建材や浮きなどに使われていましたが、当時はまだ目立つ存在ではありませんでした。やがて、16世紀にワインの瓶の栓として使われるようになると、一躍脚光を浴びます。ガラスでできた瓶に生物由来のコルクをはめて密封状態を作りだすというのは、考えてみれば不思議です。コルクにはどんな秘密が隠されているのでしょうか。

コルクを観察したロバート・フック

　コルクといえば思い出す人物がいます。イギリスの科学者、ロバート・フックです。『ニュートンに消された男 ロバート・フック』（中島秀人著、角川ソフィア文庫）という、なかなか物騒な題名の本があるのをご存じでしょうか。著者はサスペンス作家ではなく科学者で、これは歴とした科学史の本です。短気な性格だったフックは、人との論争や衝突が絶えず、とくにニュートンとは多くのテーマで議論が対立した犬猿の仲でした。

　フックの名前は、ばねの弾性に関する「フックの法則」（→P167）で覚えている方も多いと思います。しかし、彼の名が広く知られたのは、1665年に刊

行した顕微鏡による観察記録『ミクログラフィア（Micrographia)』*の影響も大きかったことを忘れてはいけません。ミクログラフィアには、フックが顕微鏡で観察し記録した多数の精緻なスケッチ図版が掲載されています。その中でも有名なのが、コルクの薄片の描画です。フックは顕微鏡を通して、コルクの薄片の中に1立方インチ（約16立方センチメートル）あたりおよそ12億個の"小部屋"を見つけ、

それを「cell」と表現しました。そのため、細胞（cell）の発見者とも称えられています。生物学的に見て、フックが細胞を発見したのかどうかは微妙なところですが、少なくともcellが他の植物にもあるといっているので、あらゆる生物は細胞から成り立っている、という細胞説の確立に一役買ったことは間違いありません。

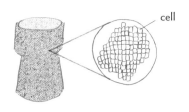

cell

近年になってフックに関する研究が進むと、彼が物理学でもニュートンに勝るとも劣らない成果を上げていたことが分かってきました。ただ、年下のニュートンが、フックの亡き後に彼が遺した多くの功績や研究資料を抹消してしまったため、現在では肖像画すらも残っていません。ですから、冒頭で紹介した本の題名のとおり「消された男」なのです。やれやれ、ニュートンもちょっと大人げない。それにしても、コルクの図が歴史に埋没せずにすんでよかったと思います。コルク栓の密閉性は、まさにコルクの構造にあるのですから……。

弾力のあるコルクの構造

　コルクとは、おもにコルクガシという樹木から剥いだ樹皮を加工したものです。樹木が成長するにつれ、幹の中心にある細胞はだんだん周辺へと押しだされていき、やがて幹の外縁にあたる皮層にコルク形成層を作ります。コルク形成層では、食物繊維の主成分として知られるセルロースでできた細胞壁に、スベリンを主成分とするコルク質と呼ばれる物質が沈着することで、ゴムのような弾力のあるコルク組織が作られます。細胞壁がコルク組織化すると、細胞は終焉を迎えて水分を失い、各小部屋は水の代わりに空気で満たされます。こうしてできたのが、コルクです。

　ものには外から力を加えると変形し、その力がなくなるともとの形に戻る弾性（→P66）という性質

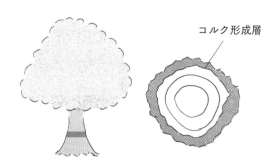

コルク形成層

があります。分子が自由に空間を飛び回っている気体は、液体に比べて密度が低くスカスカの状態ですから、押せば簡単に分子と分子のあいだを縮めることができます。気体に比べ密度が高い液体ではこうはいきません。ですから、水分で満たされた生きている植物の細胞は強く押すとつぶれ、もとに戻ることはありません。

いっぽう、コルクは細胞の小部屋の中が水分ではなく空気で満たされているので弾性に富んでいます。スポンジや食パンをイメージしてもらうと分かりやすいのですが、コルクの中にある無数の小さな空洞が大きな弾性を生みだしています。ワインやシャンパンの瓶に押し縮めたコルクを差し込むと、コルクはもとの形に戻ろうとして、瓶にぴったりとはまり、気密性の高い栓になるのです。

コルクはどこまで密閉している？

「ワインは呼吸する」と古くからいわれてきたせいで、コルクが気体を通すか通さないかといった論争があります。実際のところどうなのでしょうか。空洞化した細胞の集合体であるコルクは気体を多く含むことからも通気性がよさそうな気がします。

実はここにもコルクの生物由来の構造が活きています。コルクの主要成分であるスベリンは蝋に似た

性質で水とは馴染まず、水分が組織に透過するのを防ぐはたらきがあります。これに加え、コルクの小部屋は複雑に積み重なっていて何重ものバリケードがあるようなもの。それらが空気中のホコリ・菌などの大きな粒子はもとより、空気分子や水蒸気などの小さな粒子の出入りをほとんど遮断していると考えられます。

ワイン醸造家のリチャード・G・ピーターソンは、シャンパンやスパークリングワインを例にして「ワインはコルク栓を通して呼吸などしていないぞ！」と主張しています。彼は、シャンパンなどの瓶の中には開けるときに栓が飛ぶほどの数気圧にも及ぶ内圧（身の回りの気圧は1くらいなので、その数倍の気圧）が存在していて、これは二酸化炭素が漏れ出ていないからだといいます。つまり、これほどの圧力をかけてもCO_2という分子がほぼ通過できないのがコルク栓だと述べたのです。

ただし、コルクはあくまで生物に由来するもの。スベリンなどの複雑な分子が作る壁が何重にもなっているとはいえ、隙間が迷路のようにあります。気体分子はとても小さく自由に飛び回りますから、分子の出入りを100パーセント遮断できているかと問われれば否でしょう。

少し話は違いますが、国際的な質量の基準となる

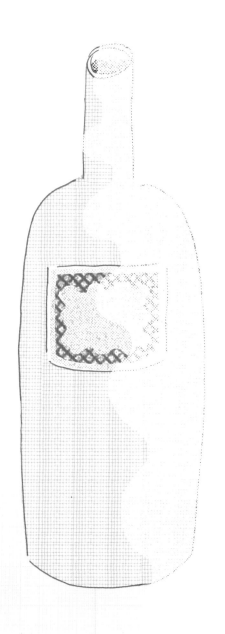

キログラム原器は、二重の密閉容器に真空状態で保管されていました。それでも年に0.000001グラム程重くなりました。ということは、何かしら外から入ってきたものが付着したと考えられます。近年は厳密な基準が必要になってきたことから、キログラム原器は2019年に130年間に及ぶ役目を終えて廃止されています。こうした厳重な保存状態の上でも気体分子を遮断できないのですから、ましてや生物に由来する構造に「絶対」を求めるのは無理があるでしょう。

　完全とはいえませんが、コルク栓の密閉性が極めて高いことはたしかです。植物の亡骸であるコルクは長い年月変化することがなく、安定した密閉状態を保ってくれます。現代においても、生物由来の素材の性質を見抜いて道具として活用する、そんな古代の人々の柔軟な考え方に見習うべきものがあるような気がします。

（註*）ミクログラフィアでは、冒頭に人間の能力を補助する道具に関する論、発明されて間もない顕微鏡を覗いて見えたミクロの世界の精密なスケッチの数々、最後には顕微鏡から離れ、望遠鏡によって観察できた天空の星々にまで話が広がっています。

魔法瓶 | 真空を作って保温

　保温できる水筒やポットは別名「魔法瓶」とも呼ばれます。熱いお湯を入れてもなかなか冷めないのが魔法のようだからでしょう。もちろん、これは魔法ではなく、熱の本質を見事についたしくみによるものです。科学者たちは、光や電気と同じように熱に興味をもち、熱とは何かをずっと考えてきました。熱を追求してきた科学の歴史を振り返りながら、魔法瓶の秘密に迫っていきましょう。

熱とは何か？

　18世紀には、すでに温度計や蒸気機関など熱に関係する技術が進んでいましたが、肝心の「熱とは何か」という問題に科学者たちは頭を悩ませていました。古代ギリシャの時代からあった「ものは原子や分子という小さな粒でできている」という考え方が、18世紀初めに再び支持され広まると、酸素や水素と並んで「熱素（カロリック）」という元素が考案されました。熱素を提唱したのはフランスの化学者、アントワーヌ・ラボアジェです。ラボアジェは、ものは熱素が入ることで温かくなり、熱素が出ていくと冷めるのだと想像したのです。

　そうした中、アメリカの物理学者のランフォード伯爵（本名：ベンジャミン・トンプソン）が「熱素説」に異議を唱えます。ランフォードは、大砲を作

る過程で砲身を削りだすときに、水をかけて冷やし続けなければならないほど限りなく熱が出てくる様子に着目しました。そして、砲身の材料を削るという作業が砲身の中の何かを揺り動かし、その動かされたものが活発に動くようになる、その活発な運動が熱と関係があるのではないか、と考えました。ランフォードは 1798 年に熱の正体は熱素ではなく、物体の中の何かの運動に由来するという「熱の運動説」を発表しました。

熱の正体は物質？ それとも運動？

翌年の 1799 年にはイギリスの化学者、ハンフリー・デービーが熱の運動説を裏づける実験をおこない、ランフォードの説を支持します。デービーは密閉した容器の中を真空にして、つまり何もない状態にして、その中で氷をこすり合わせるという実験をおこないました。その結果、何の出入りもない状態でも氷が融けたことから、デービーは「熱は特別な物質ではなく、ふつうの物質の運動である」と主張しました。ただ、当時はものをこすることで起こる発熱以外の現象を熱の運動説ではうまく説明することができませんでした。

その後も熱に関する研究は続き、1843 年にイギリスの物理学者、ジェームズ・プレスコット・ジュ

ールが水を激しくかき混ぜた後に温度を測るという実験をおこないました。どの程度かき混ぜるという運動をしたかで、どのくらい水の温度が上がるかを測定したのです。すると、運動量と熱の温度変化の比率は常に一定となっていることが分かりました。こうして、運動と熱の関係が数値で明らかになり、ランフォードが唱えた熱の運動説は揺るぎないものとなりました。今日では、ランフォードが分からなかった物体の中の"何か"が原子や分子であることは、みなさんご存知のとおりです。熱の正体は「原子や分子の運動」だったのです。

分子の動きと温度の変化

さて、熱と関係が深いものに「温度」があります。世界共通の基準が作られるまでは「牛の体温」や「バターが溶ける温度」など各地でさまざまな温度の基準が使われていました。1742年にスウェーデンの天文学者、アンデルス・セルシウスが、氷が融ける温度を0度、水が沸騰する温度を100度として、そのあいだを100等分して1度とする「セルシウス温度」を提唱しました。セルシウス温度は世界基準として採用され、今日でも用いられています。

やがて熱が分子の運動であることが突きとめられると、温度は「分子が運動する激しさの度合い」と

考えられるようになりました。分子は目には見えませんが、温度が高いと分子は活発に動いていて、温度が低いと分子は大人しくしている状態であると想像したわけです。

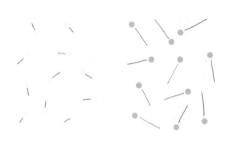

温度が低いと分子の動きは大人しく（左）、温度が高いと分子の動きは活発になる（右）

　温度が低くなるにつれ、だんだんと分子の動きが穏やかになり、やがて分子の動きがとまったら分子の運動の激しさはゼロですから、それより低い温度の状態はありえません。この温度を「絶対零度」といいます。セルシウス温度でいうと、マイナス273度です。太陽の表面が何万度というのに、温度の下限はそれほど低くないですね。絶対零度を基準にした温度は「ケルビン温度」と呼ばれ、ケルビン（K）という単位で表します。ケルビン温度でも1度の間隔はセルシウス温度と同じなので、氷が融ける温度は273ケルビン、水が沸騰する温度は373ケルビンとなります。

熱は伝わっていく

　それでは、いよいよ魔法瓶の話に移りましょう。私たちが温かいものに触れたとき、触れた部分も温かくなるのは、分子の活発な動きが伝わったからということになります。たとえば、冷たい手で温かいお茶の入った湯呑を覆ったとします。活発なお茶の分子は、お茶と湯呑の境界線で湯呑の分子に激しくぶつかり、湯呑の分子を突き動かします。それにより活発になった湯呑の分子は、今度は湯呑と手の境界線で手の分子を突き動かします。こうして玉突き衝突のごとく、熱すなわち分子の運動が伝わっていき、最終的に湯呑を覆った手が温かくなるというわけなのです。

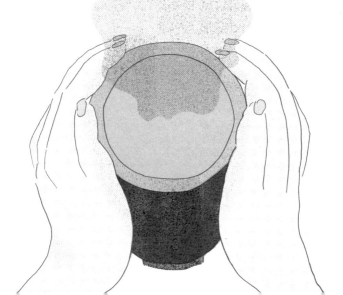

分子にも、外からのはたらきかけがない限り、その運動状態が保たれる「慣性の法則」（→P152）が成り立ちます。ということは、活発な分子の運動は、周囲に伝える相手の分子がなければ伝わらず、分子は活発な状態のままになります。このことに目をつけたのがイギリスの物理学者、ジェームズ・デュワーです。デュワーは分子がほとんどない真空に近い状態であれば、熱は伝わらないと考えました*。

　そこで、デュワーは1873年にガラス容器を二重構造にして、そのあいだを真空にしたデュワー瓶を発明しました。デュワー瓶は今でも理科の実験などで液体窒素を持ち運ぶ際に使われています。マイナス196度の液体窒素を入れた容器は、皮の手袋をしてようやく数分程度なら持つことができるといった超低温なのですが、デュワー瓶に入れれば、なんと瓶を素手で持つことができます。このデュワー瓶こそが魔法瓶のルーツです。

実験器具から家庭用のポットへ

　デュワーは1893年に王立研究所でおこなわれた一般人向けの講演で、ついにデュワー瓶をお披露目しました。観衆の面前に出された瓶には美しい水色の液体酸素が入っていました。デュワーが栓をひねると、たちまち二重構造になった内瓶と外瓶のあい

だに空気が入り込み、沸点がマイナス183度の液体酸素はごぼごぼと音を立てて沸騰し、その場にいた人々を大層驚かせたそうです。

　こうして熱を伝えないという効果が認められたデュワー瓶ですが、液体は気体になるときに体積が大きくなってしまう（たとえば、水は気体になると液体の1700倍の体積になる）ため、蓋をすることはできませんでした。しかし、お湯を保温するだけなら体積変化はほとんどありません。そのことに着目したドイツのガラス職人であるラインホルト・ブルガーは、1904年にデュワー瓶と同じ構造のものに蓋をつけて家庭向けに製品化しました。

　日本には1907年に輸入され、当時電球会社に勤めていた八木亭二郎がガラスでできた電球の中を真空にする技術を使って、日本で最初の「魔法瓶」を作ったのだそうです。魔法瓶に電球の技術が生かされていたとは驚きですね。

魔法瓶のしくみ

真空

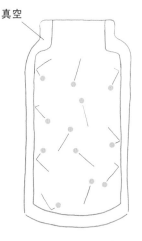

外瓶と内瓶のあいだを真空にすることで、活発な分子の動きが外に伝わらず、温かい状態が保たれる

昔はガラス製だった魔法瓶も今ではほとんどがステンレス製になり、丈夫でコンパクトになりました。メーカーによれば、沸騰したお湯を入れて6時間経過しても70度以上を保つそうです。室温30度で放置された100度のお湯は、10分後には70度くらいになってしまうことから、その保温性の高さがよく分かります。

　温かいお茶の入った湯呑を手で覆ってホッと一息つくとき、「ああ、お茶の分子が湯呑の分子を、湯呑の分子が手のひらの分子を、頑張れ頑張れと突き動かしてくれているんだなあ」と想像してみてください。そして、そんな想像をすると、きっと心の分子も活発になることでしょう。

（註*）熱の移動とは、分子の運動が伝わることです。熱は温度が高いものから低いものには移動しますが、その逆はありえません。熱の移動は「不可逆変化」（→P58）です。温度の低いものがいつの間にか温かくなることはないわけです。

　私たちの身の回りにある「熱」は常に移動します。熱の移動を利用してはたらく機械は「熱機関」と呼ばれます。熱機関の代表が蒸気機関で、その登場によって産業革命が起こりました。いちばん簡単な蒸気機関といえば、お湯が沸いたときに蓋が持ち上がるやかんです。お湯の沸騰でやかん内の圧力が高まると蓋が持ち上がります。すると、隙間から蒸気が逃げ、また冷たい外気に触れて蒸気の温度が下がり、減圧されて蓋がもとに戻るというのが繰り返されます。火力発電所も高温の蒸気を吹きつけ、タービンを回し発電しているのでもちろん熱機関です。

　よくサイエンスフィクションでは、地球が冷えきり何もかもが凍ってしまい人類が滅亡する世界が描かれますが、ブツリではこの世の終わりは極寒ではありません。ブツリ的なこの世の終わりは、世界中が同じ温度になってしまう状況です。世界中が同じ温度になってしまえば熱の移動はなくなるため、熱機関がはたらかなくなってしまいます。電気で動くから大丈夫と思うかもしれませんが、火力発電所も稼働できません。そもそも、私たちの身体そのものが熱機関という考え方もできるので、世界中が同じ温度になれば、生命の維持も困難になるのです。しかし、ご安心ください。あくまでもブツリ的には……ということです。

はこぶ道具

運ぶ道具の発展とともに人類の生活は豊かになったといっても過言ではありません。今では「口元まで豆を運ぶ」という小さな目的から、「遠くの星まで人を届ける」という大きな野望まで、あらゆる願いを叶えた運ぶ道具が存在しています。

ものを運びたいという思いは、時空間をコントロールしたいという人間の欲望が如実にあらわれている気がします。ものを移動させる行為は、物理法則と切っても切れない関係にあります。さまざまなものを運ぶために考えられた道具の工夫をみていきましょう。

　トラックや貨車がなかった遥かむかし、人が持ち上げて運ぶには大きく重たすぎる大木や巨石は、とりあえず大勢で押したり、紐をかけて引っぱったりして運んでいました。丸いものなら転がしたかもしれません。どちらにしても、それはたいへんな労力でした。ものを運ぶ作業を楽にするために発明されたのが、車輪です。車輪が誕生しなければ、今ほど容易に大量の人やものを移動させることはできなかったでしょう。

ものを楽に運ぶ方法

　運ぶとは、ものを動かすことです。ものを動かすことは、ブツリの視点でみれば、さらに「持ち上げて動かす」と「水平に動かす」に分けることができます。持ち上げて動かすときは、ものにはたらく重力とつり合う力で支える必要がありますが、いったん支えてしまえば自由に動かせます。水平に動かすときは、地面の上なら地面が支えてくれるので重力

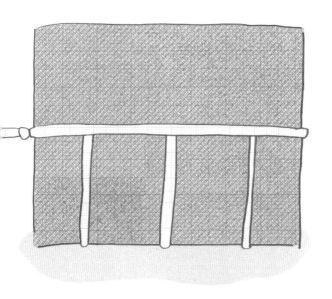

巨石の下には油をまいて滑りをよくし、足元には砂をまいて滑りにくくして運ぶ人々

を考える必要はありません。ただし、そこから動かすには、今度は摩擦が問題になります。

　ものを水平に動かすときの摩擦力は、乾いたコンクリートの道路上では重力の70パーセント、濡れた道路上では重力の50パーセントであることが分かっています。これは、濡れた道路の上ならば、持ち上げる力（重力に抗う力）の半分の力でものを水平に動かせるということです。

　とはいえ、重たいものを引きずって運ぶのは骨の折れる作業です。20世紀に公開されたアメリカ映画『十戒』（セシル・B・デミル監督）では、エジプトで囚われの身となったイスラエルの人々が巨石に縄をかけて運ぶシーンが登場します。エジプトのピラミッドに使われた石灰岩は平均2.5トンといわれ、いくら持ち上げるよりは力が少なくてすむといっても、現在のように舗装されていない道の上を人力で引きずるときの摩擦力の大きさを想像すると、くらくらします。

　映画では巨石の下に油をたらしたり、引っぱる人の足元に砂をまいたりする様子が描かれています。油をたらすのは巨石と地面とのあいだの摩擦を少なくし、滑りをよくするため。足元に砂をまくのは足と地面とのあいだの摩擦力を増して滑りにくくし、足で地面をしっかり踏めるようにするためです。足

で地面を押すと、その分だけ地面から押し返されます。これは「作用反作用の法則」（→P178）ですね。地面を強く踏みしめることで、地面の反作用の力を運ぶための推進力に換えているわけです。

滑らすより転がす方が楽？

　ものを水平に動かすため、最初に発明された道具はソリでした。ソリは木の幹をくり抜いたものが始まりといわれています。ごつごつした巨石を表面がなめらかなソリに乗せれば、地面との摩擦が減るので、引いたり押したりするのが楽になります。紀元前2000年ごろの古代エジプトの壁画には、人々が大型のソリに巨大な石像を乗せて運ぶ様子が描かれています。

　古代の人々は、やがて「滑らす」より「転がす」方が楽だということに気づき、ソリと地面のあいだにコロと呼ばれる丸太を挟むようになりました。紀元前700年代の古代メソポタミア・アッシリアのレリーフでは、ソリの下にコロを並べて運ぶ様子が描かれています。ちなみに、ソリの下にコロを敷くのと敷かないのとでは、実際に摩擦力に違いがあることが、現代の実験で明らかになっています。ソリを水平に動かすときの摩擦力は、ソリのみの場合は重力の53パーセント、ソリの下にコロを敷いた場

合は重力の 19 パーセントであることが分かっています。つまり、ソリを使えばものを持ち上げて運ぶときに必要な力の約半分、さらにソリの下にコロを加えると 5 分の 1 の力ですみます。

　ここまでくると、ソリとコロが一体化した車輪のような道具が生まれてもおかしくない気がしますが、コロが発展して車輪になったのかは諸説あり、はっきりとは分かっていません。紀元前 4000 年ごろには、すでにメソポタミアのシュメール人によって車輪が発明されています。また、ソリはものを運ぶための道具であったのに対し、車輪はおもに人が移動

するための乗り物として使われていたともいわれています。

重さや形で回転のしやすさが変わる

　車輪の始まりは、おそらく丸太を輪切りにした1枚の丸い木の板だったと考えられます。人やものを乗せて運ぶ車輪は、乗っているものの重みで変形したり、ましてや壊れたりしては困ります。丸太を輪切りにしただけの木の板では簡単に割れてしまいます。そこでシュメール人は、何枚かの板を張り合わせて厚い円板を作りました。こうすることで、重み

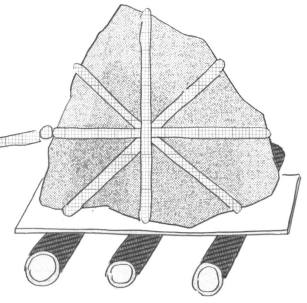

巨石をソリに乗せ、その下にコロを並べて転がしながら運ぶ人々

がかかっても耐えられるよう車輪の強度を増したのです。これには、メソポタミアには巨木が少なく、車輪に適した太さの丸太がなかったからではないかという説もあります。ただ、板を張り合わせた厚い車輪は重いので、今度は回転させるのが大変になってしまいます。車輪の強度を保ちつつ回転しやすくするには、どうすればよいでしょうか。

　まずは「回転のしやすさ」について考えてみましょう。回転も運動ですから、動きだしたら外からのはたらきかけがない限り止まらないという慣性（→P152）をもっています。一度回転すれば「慣性の法則」によって、動かし続けるための力は必要ありません（もっとも回転軸の摩擦を考慮する必要はありますが……）。自動車のように「重くて」「大きい」車輪を回転させるには大きな力が必要です。反対に、おもちゃの車のように「軽くて」「小さい」車輪は回転させやすいと感じます。このように、静止した状態からある程度の速さで回転するまでにかかる力や時間が少ないほど、ものは回転しやすいということになります。

　回転する物体の慣性の大きさを表すのが「慣性モーメント」です。言葉の響きは堅苦しく感じるかもしれませんが、要は回転するものが重いほど、回転する半径が大きいほど、慣性モーメントは大きく

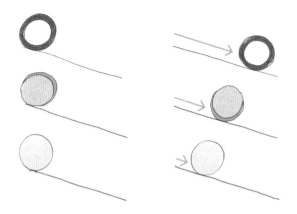

同時に転がすと、細い輪、円盤、中身が詰まった球体の順に速く転がる

なり、ものは回転させにくくなります。回転する物体が、中身が詰まった球体なのか、円盤なのか、細い輪なのかによっても慣性モーメントは変わります。同じ重さであっても、重さの分布が均一か、そうでないかで「回転のしやすさ」は違ってくるのです。慣性モーメントが大きいものは回転させにくいのですが、一度回転すると、今度は止めにくくなります。車輪の設計には回転させるだけではなく、回転を止めるブレーキも考慮しなくてはなりません。回ればいいってもんじゃないわけです。

　慣性モーメントはスポーツでも意識されています。フィギュアスケートでは、スピンやジャンプをするときに腕をなるべく体に近づけて、回転半径を小さ

くして慣性モーメントを減らしています。腕や足を中心に集めることにより、スピンではくるくると高速回転が、ジャンプでは三回転、四回転の大技ができるわけですね。

丈夫で軽い車輪を目指して

　慣性モーメントを考慮すると、車輪は円盤でも球体でもなく「輪っか」がいちばん回転させるのが楽だという結論にたどり着きます。それも、できるだけ軽くて細い方がよく回ります。ただ、問題は強度です。輪っかの場合は、仮に割れにくい素材で作ったとしてもたわんでしまいます。

　この問題を見事に解決したのがスポークでした。スポークとは、車輪の中心にある回転軸から放射状に伸びて輪（リム）に連結する棒状の部品で、建物の梁のように車輪が変形しないように支える役目を果たします。スポークのおかげで、車輪の強度や耐久性が高められると同時に軽量化も可能になりました。

　スポークの起源も車輪と同じように明らかではありませんが、紀元前1300年代のエジプトのツタンカー

メン王の墓からは、6本のスポークがついた二輪車が出土しています。この時代にすでに輪っかの回転のしやすさとスポークの役割に気づいていたとは、驚きですね。古代のメソポタミアやエジプトの人々が、タイムスリップして現代の車輪を見たらどう思うでしょうか。案外、自分たちの時代と変わらないなあと思うかもしれません。そんなふうに想像してしまうほど、古代に発明された車輪のしくみは素晴らしかったといえます。

　みなさんはスキーをしたこ
とがありますか。私は、生ま
れて初めてスキー板をつけて
雪の上に立ったときの恐怖を
今でもはっきりと覚えていま
す。平らな地面に立っている
はずなのに、なめらかな雪の
上でスキー板はどんどん前へ
と進んでいくのです。倒れな
いようにと慌ててストックを

地面に突き刺し、

必死にしがみつきました。

斜面を滑るときも、何度も転びか

けましたが、ストックのおかげで幾度か

はもちこたえられた気がします。

　スキーのストックや杖は単なる1本の棒に過ぎ
ませんが、私たちの体のバランスを保ち、前へと
導くのに役立ちます。ここでは、倒れないように
支えて運ぶ道具のはたらきについて考えてみまし
ょう。

重力が作用する点

　地球上にあるものは等しく重力を受けているので、支えがなければ、地面に向かって倒れたり落ちたりします。重力はもの全体にまんべんなくはたらいていて、手のひらに乗せたリンゴも各部分にそれぞれ重力がかかっています。ただ、重力が分散しているとそのはたらきが考えにくいので、ブツリでは"ものをそこで支えると傾かない点"を「重力が作用する点」と考えます。この点が、ものの「重心」です。

　太さが同じ棒や厚さが均一な板なら、重心はその物体の中心になります。定規やおぼんを真ん中で支えると安定しやすいのはそのためです。このように、

りんごにはまんべんなく重力がはたらいているが、ブツリではそこで支えるとものが安定する1点を「重力が作用する点（＝重心）」と考える

ものを傾けることなく支えられる点がものの重心で
あり、逆に重心で支えられれば、ものが傾くことは
ありません。

　重力は、ものの重心からまっすぐ地球の中心に向
かってはたらいています。ものの重心を通って重力
が地球の中心へと向かう線を「重力の作用線」とい
います。重力の作用線上であれば、どこを支えても、
ものは安定します。たとえば、リンゴを手のひらで
支える代わりに、紐でぶら下げてもよいのです。

ものを安定させる支えの面積

　私たちが２本の足で地面に立つとき、重力の作用
線は２本の足とそのあいだを含む平面の中に収まっ
ています。この平面のことを、ここでは分かりやす
く「支えの面積」と呼ぶことにしましょう。重力の
作用線が支えの面積の中に収まっている状態のこと
を「バランスをとる」とか「重心をとる」といいま
す。支えの面積から重力の作用線がはみ出てしまう
と、バランスを保つことができず倒れてしまいます。
片足立ちをしたり、両足をぴったり揃えて立ったり
すると倒れやすくなるのは、支えの面積が減るから
です。私たちはふだん何気なく立っているときも、
両足を肩幅程度に開くことで無意識に支えの面積を
広くし、重心をとりやすくしています*。

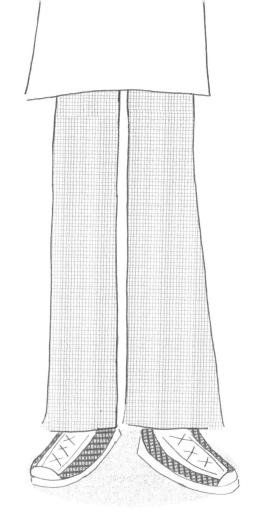

　さて、杖の役割はこの支えの面積を広げることに
他なりません。2本足よりも3本足、3本足よりも
4本足の方が安定することは、四足歩行の動物やテ
ーブルの足を見ても納得しますね。山道の斜面を登
ったり、年をとって背骨が曲がったりすると、重心
がずれるので2本の足で支えることが難しくなりま

す。そこで、杖の出番です。杖で足を１本追加して
支えの面積を増やせば、支えの面積が広がりバラン
スがとりやすくなります。登山ではトレッキングポー
ル、高齢者の歩行では杖が体を支える第３の足に
なるのです。もっとも、杖は支えの面積からはみだ
した重心を支えるようにつかなくては意味がありま

せん。支えの面積を増やして重心を安定させるための補助こそが杖の役目なのです。

地面を後ろに押して進む

杖をつくと歩行も楽になります。杖で地面を押すと、前に進むための力となる推進力が得られるからです。スキーのストックや松葉杖がよい例で、うまく使えば体を楽に前へと運ぶことができます。私たちは歩いているときも、斜め後ろに地面を押して進んでいます。当たり前すぎて疑問に感じたことがない人がほとんどだと思いますが、なぜ前に進みたいときに地面を後ろに押すのでしょう。

私たちはふだん足の力だけで進んでいる気がしますが、実は「作用反作用の法則」（→P179）を使って前進しています。足で斜め後ろに地面を押すと、地面からはその反対の力、つまり斜め前向きの力で押し返されます。この地面の反作用の力によって体を前に運んでいるのです。陸上競技のスタート地点に設置されるスターティング・ブロックは、まさに作用反作用の法則を最大限に活かした道具といえるでしょう。

私たちは自分の力だけで体を前に押すことはできません。走るときは地面を、泳ぐときは水を、松葉杖をついて歩くときは床を、それぞれ手足や杖で押

して、その反作用の力で前に進みます。スキーのストックも雪を押してスピードを上げるために使われることは、スキー競技を見ているとよく分かります。

　斜め前向きにはたらく地面の反作用の力は、さらに「上向きの力」と「前向きの力」に分けて考えることができます。上向きの力は私たちの体を支える垂直抗力（→P76）に、前向きの力は足が後ろに動くのを防ぐ摩擦力になります。この摩擦力こそが前に進む推進力を生みだすのです。

（註*）ワイングラスのように重くて大きいボウルを1本の細い足で支える場合も、重心をとっているのはプレートの底面積です。プレートの底面積が狭いと、少し触れただけでもグラスがひっくり返りやすくなります。逆にいえば、ワイングラスのように持ち手がどんなに細くても底面積が広ければ、グラスが多少傾いても、重心の作用線は支えの面積の中にあるので安定していられるということです。

重さが均一でない棒の重心を探ろう

　どんな複雑な形のものにも必ず重心があり、1点で支

　ここでは、野球のバットや掃除用のモップのように重さ

　方法は簡単です。まず、爪が外側を向くように両手の

30 〜 40 センチメートルくらいの間隔を空け、その上に

指と棒が離れないようにしながら、指を中心に向かって

すると、あら不思議、指は片方ずつしか動かせません。

そうして水平を保ったまま、片方ずつ動かしていくと、

　今度は1本の人差し指でそこを支えてみてください。

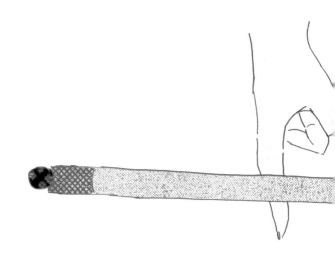

　なぜ、片方ずつしか指が動かないのでしょうか。その

ことができます。

一でない棒の重心を知るおもしろい方法を紹介しましょう。

し指を前に突きだしてください。

の位置を知りたい棒を乗せて支えます。

くり動かしてみてください。

同時に動かせるとしたら、指が棒から離れている証拠です。

て2本の指は触れ合います。そこが棒の重心です。

傾くことなく人差し指だけで支えられるはずです。

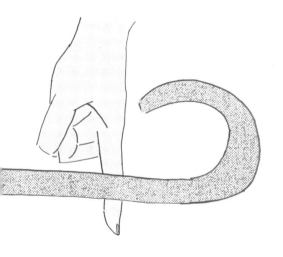

をもう少し考えてみることにしましょう。

最初に2本の人差し指で棒を支えたとき、それぞれの

ここで、てこの原理を思いだしてください。

　1点で棒を支えられる重心を「支点」とすると、それ

棒が水平に支えられているとき、てこの原理では[支点か

重心に近い指が棒を支える力の方が、重心から遠い指が

　今度は摩擦に注目します。指で支える力は垂直抗力で

摩擦の法則では「垂直抗力が大きいほど摩擦力は大きく

重心に近い指の方が、垂直抗力が大きく摩擦力も増すの

　それで、指を動かそうとすると重心から遠い指が先に動

　それならば、摩擦力がちょうど同じになる、重心から

その地点で指の動きが止まりそうなものです。けれども

「動いているあいだの摩擦力は、動かし始めるときの摩

また慣性の法則によって動いている指はそうそう簡単に

ついつい等距離の点を行き過ぎてしまいます。すると、

重心から遠く動かしやすかった指が等距離の位置を越え

今度はもういっぽうの指が重心から遠くなるため動かし

最終的に触れ合うまで指を交互に動かすことになるので

　2本の指がぶつかったところは、ほぼ1点で支えられ

ら棒の重心までの距離は左右で異なっています。

の指の位置は「力点」にあたります。

点までの距離×力]は等しいので、

る力よりも大きいことになります。

」（→P77）ので、

かしにくくなります。

です。

離の位置まで2本の指が動いたら、

うひとつの摩擦の法則に

よりも小さい」（→P78）とあるように、

まれないので、

の指の形勢は逆転します。

心に近づき、

くなる……といったことが繰り返され、

るので、そこが棒の重心といえます。

　フレンチのシェフから伝説の家政婦に転身した、タサン志麻さんが過去にインタビューでこんなお話をされていました。「フランスでは、卵をかき混ぜるときは泡だて器、フライパンの上で食材をひっくり返すときはフライ返し、料理の盛りつけにはトング、とさまざまな道具を駆使するが、箸はそれらすべてをこなすことができるすぐれた調理道具だ」と。フランス人である、志麻さんの義理のお母様は、来日した際にそのことに感激して日本の箸を買って帰られたそうです。

　箸は食べ物を口まで運ぶための道具で、挟んで持ち上げたり、すくったり、引っかけたり、いろいろな使い方ができます。ここでは箸の機能のうち「挟む」「持ち上げる」に注目して、箸に潜むブツリを考えてみたいと思います。志麻さんのインタビューのように、今までとは違った視点で眺めることで、何気なく使っている道具のすぐれた機能性が見えてくるかもしれません。

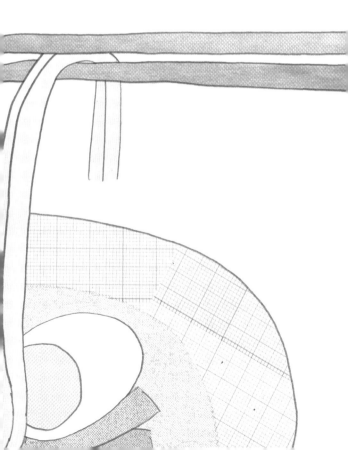

絶妙な力で食べ物を挟む

　まずは、「挟む」に注目してみます。箸の最大の長所といえば、指先を操るように微妙な力加減で食べ物を挟めることです。柔らかい豆腐をフォークで突き刺して持ち上げようとすると、とたんに崩れてしまいます。こうした弾性の小さい食べ物を挟んで持ち上げるには、落ちないように、崩れないように"支えて運ぶ"という絶妙な力加減が必要です。

　箸が細かく力を調整できるのは、「てこの原理」（→P86）にもとづいてはたらいているからです。てこと聞くと、加えた力よりも作用する力を大きくすることで作業を楽にするものだと思われがちですが、加えた力よりも作用する力を小さくすることもできます。それが第3種てこ（→P136）の特徴でした。箸は第3種てこの仲間で、手で支えて動かすところが力点、箸頭（箸を持ったときに天井を向く部分）が支点、箸先が作用点となっています。「力点－支点」の距離よりも「作用点－支点」の距離の方が長くなっているため、加えた力よりも箸先ではたらく力が小さくなります。これにより、豆腐を崩さない程度の細やかな力加減が可能となっているのです。

　また、実際に箸を動かしてみると、手の動きより

も箸先の方が大きく動いていることに気づくと思います。これも第３種てこの特徴で、「力点ー支点」の距離よりも「作用点ー支点」の距離の方が長いので、箸先の方が大きく動きます。菜箸の場合は、さらに距離の差が大きくなり可動域が広がります。

　ただし、長くなればなるほど、加えた力よりも作用する力が小さくなるので、つまむ力は弱くなります。パスタやサラダを挟むトングも箸と同じ原理で、その可動域の大きさを活かして一度にたくさんの量を取り分けることができます。

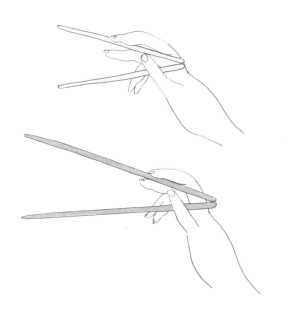

ふつうの箸より菜箸の方が、可動域が広く、つまむ力が弱い

重力に逆らって持ち上げる

　今度は、箸で食べ物を重力に逆らって「持ち上げる」動きについて考えてみましょう。思えば、箸ほど華奢な道具はほかにない気がします。割り箸などは力を込めれば簡単に手で折ることができます。けれども、食事をする上では金属のフォークのように頑丈でなくても、食べ物を落とすことなく口まで運ぶことができます。ここに重力に逆らってものを運ぶことの興味深いブツリの秘密が潜んでいます。

　重力とは地球と地球上のものとのあいだで起こる万有引力のことで、万有引力はすべてのものにはたらいていると話しました（→P24）。たとえば、食卓に置かれたお皿の上に煮豆があるとしましょう。地球がお皿や煮豆を引っぱっているだけでなく、お

6,000,000,000,000

皿と煮豆、煮豆とそれをつまみ上げる箸のあいだにも万有引力がはたらいています。では、お皿と煮豆、煮豆と箸は万有引力によって、そのうちにくっついてしまうのでしょうか。仮に食卓にある箸の質量を15グラム、煮豆を5グラムとします。これに対して、地球の質量は 6,000,000,000,000,000,000, 000,000 キログラムです。……想像するのが難しいほど圧倒的な量の差ですね。

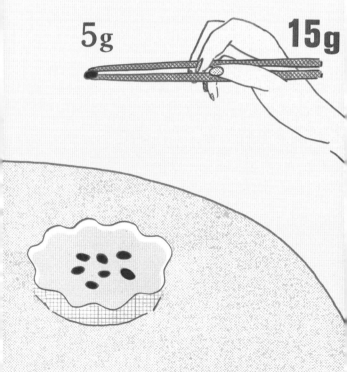

00,000,000,000,000 kg

万有引力には、「2つの物体の質量を掛け合わせたものと比例し、物体のあいだの距離の2乗に反比例する」という法則があります。これは、2つの物体の質量を掛け合わせた数値が大きいほど、そして2つの物体の距離が近いほど、物体同士は強く引き合うということです。箸や煮豆は、互いを引き合う力よりもはるかに大きな力で地球に引っぱられているため、その場にじっとしているのです。これほど圧倒的な力で地球に引っぱられていることを考えると、棒切れ2本で煮豆を持ち上げられるのかと不安になりますね。しかし、私たちは日頃あらん限りの力を込めて煮豆を1粒ずつ皿から引き剥がしているわけではないので、その心配は無用です。

重力と釣り合う力で支える

　ものを支えるとは、「その物体にはたらく重力とつり合う力をはたらかせる」ということです。つまり、5グラムの煮豆を持ち上げるには、5グラムの重力と同じ大きさの力で支えればよいのです。さらに、いったん煮豆を持ち上げてしまえば、つまり煮豆を重力とつり合う力で支えられれば、「慣性の法則」（→P152）によって等速度で口まで動かすことができます。空中で煮豆を移動させるのに5グラム以上の力は必要ありません。それより大きい力を加

えることもできますが、その分煮豆を運ぶスピード
が増すだけです*。

　箸のような単純素朴な道具も、重力や慣性などの
物理法則の影響をもれなく受けています。箸で食べ
物をつまむときは、ぜひ地球の圧倒的な質量と、食
べ物と箸のあいだにはたらく小さな万有引力を感じ
てみてくださいね。

（註*）ものがぷかぷかと浮いているスペースシャトルや宇
宙ステーションの中は、さぞかしものを運ぶのが楽だろうと
思われるかもしれません。しかし一般に「無重力状態」と呼
ばれている状態は重力がない状態ではありません。スペース
シャトルや宇宙ステーションは、重力がはたらいているから
こそ、宇宙の彼方に飛んでいってしまわずに地球の周りを回
っていられるのです。ブツリではこのような状態を「無重量
状態」といいます。

　私たちが重力を感じるのは、地球の表面に対して動かない
地面や床が支えてくれるからこそです。エレベーターやジェ
ットコースターで降下するとき、体が浮いた感じがしますね。
宇宙ステーションの中の乗組員にとっては、ジェットコース
ターのような急降下がずっと続いている状態と考えられます。
つまり重力が無いのではなく、重力が感じられない状態なの
です。

　そのような状態でも、慣性の大きさを表す質量に変わりは
ありません。質量の大きいものの方が小さいものよりも動か
しにくく、浮いていて摩擦が発生しないので、ひとたび動く
と逆に止めるのが大変です。無重量空間では、箸で支える力
は必要ありませんが、つまんだものを口に運ぶには、そのも
のの質量に応じた力が必要となります。

COLUMN

weightとmassのちがい

　ブツリでは「重さ」と「質量」は厳密に区別されます。重さは重力のことであり、地球が地上の物体を引く力の重さの単位は、力ですからニュートン（N）となります。

　いっぽう、質量はものの動かしにくさのことであり、私たちが毎日測る体重は質量ですから、体重が大きい人日本では、重力も質量も日常では「重さ」と表現するの

　以前、勤務していた高校にアメリカから留学生が来て授業で重さと質量の違いを説明するときに、試しに彼拙い英語で聞いてみました。すると、思いがけない返事彼は「weightの大小を表すのはheavy（重い）とlight（と教えてくれました。そのとき、これまで理論的にしかdense、denseとつぶやきながらスキップして職員室まで

　質量が大きいと、なぜdenseなのか。冷静になって考えものは原子でできているという原子論がもとになってい原子がたくさん集まって固まっている、つまり密集してそれと同時にブツリは外来文化なんだ、近代科学が発達重さと質量の違いを理屈ではなく言語的な感覚で捉えて

　みなさんはいかがですか、重さと質量の違いを感じ取

です。

はキログラム（kg）です。

動かしにくいということになります。

の区別を理解するのはなかなか難しいですよね。

ことがありました。

weight（重さ）」と「mass（質量）」の違いは何かと

ってきました。形容詞が違うというのです。

）だが、massの形容詞はdense（濃い）だ」

していなかった違いがこつんと胸に降りてきた気がして、

たのを、20年以上たった今でもよく覚えています。

ですが、

ではないかと推察しました。

と質量は大きくなるからです。

欧米の子どもたちは、

のだと痛感しました。

したか。

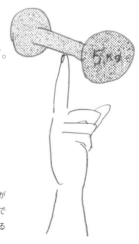

重量上げはまさに地球に重力が
あってこその競技。無重量空間で
は、指1本でダンベルを動かせる

おぼん ｜ ものを空中で水平に

　おぼんは、熱い湯呑や細々とした食器類をひとまとめにして運ぶのに便利な道具です。空中に持ち上げて水平に動かすので、摩擦などの抵抗をほとんど受けることなく自由に動かせます。けれども、おぼんだけを勢いよく動かすと、おぼんに乗せた湯呑や食器はその動きについていけず滑ります。ものには

慣性があり、おぼんが動きだしても、おぼん上のものはその場にとどまろうとするからです。おぼんで運ぶときに厄介なのが、この「滑る」という現象。"覆水盆に返らず"ですから、そうならないためにも、おぼんの上にはたらくブツリを考えてみることにしましょう。

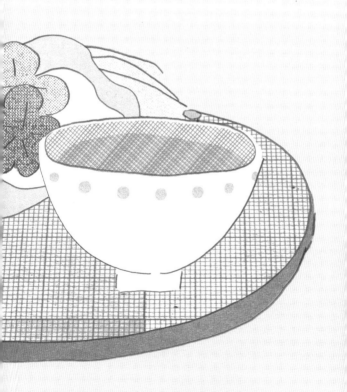

滑りだす角度を測る

　ものが滑らないためには、ものの動きを妨げる摩擦力が必要になります。最近は滑り止め加工を施したおぼんをよく見かけますね。おぼんとその上に乗せたもののあいだにはたらく摩擦力は、どのくらいなのでしょうか。摩擦力を測る簡単な方法があるので、ぜひ家にあるおぼんで試してみてください。

　まず、テーブルの上におぼんを置いて、その上に滑って落ちても大丈夫そうなもの、そうですね、キャラメルの箱でも乗せます。そして、おぼんの端を片手でゆっくり持ち上げて徐々に傾けてみてください。決して勢いよく持ち上げてはいけません。少しずつ傾きを大きくしていくと、ある角度に達したときに箱が滑りだします。この滑りだす瞬間のおぼんとテーブルのあいだの角度を「摩擦角」といいます。

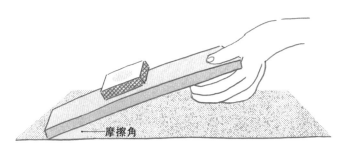

摩擦角が大きいほど、おぼんの表面の摩擦が大きいことが分かる

これより小さい傾きであれば、おぼんに乗せたキャラメルの箱が滑りだすことはありません。

　摩擦角は名前のとおり「摩擦の大きさ」をあらわします。摩擦角が大きいほど摩擦が大きい、摩擦角が小さいほど摩擦が小さいことが分かるので、摩擦角を測ることは、接触する２つの物体のあいだに生じる摩擦の大きさを測定するのに、もっとも手軽で正確な方法です。

　摩擦角の大きさは、接触する２つの物体の表面状態によって変わります。たとえば、表面がつるつるしたキャラメルの箱の代わりに、ざらざらしたマッチ箱の側面（マッチ棒を擦る側薬が塗布された面）を下にして同じおぼんに乗せてみると、キャラメルの箱を乗せた場合よりも、摩擦角が大きくなります。また、同じキャラメルの箱を同じおぼんに乗せれば、何回やっても同じ角度で滑りだします。このとき、箱の中にキャラメルがぎっしり入っていても空っぽでも、つまり重さが違っていても、接触面の状態が変わらなければ摩擦角はいつも同じです。

　おぼんに乗せて運ぶ前に、カップやグラスを空の状態で乗せて、どのくらいの角度で滑りだすか測っておくのもよいですね。後からカップやグラスに何を入れても、底の表面状態は同じなので、摩擦角も変わりません。

レイリー卿の発見

　おぼんを使う際、とくに神経を使うのは、お茶の入った湯呑やお味噌汁を入れたお椀を運ぶときではないでしょうか。ただでさえ滑りやすいおぼんに、揺れ動きやすい液体となれば、二重で気をつかう必要があります。この問題について、イギリスの物理学者、レイリー卿（本名：ジョン・ウィリアム・ストラット）がおもしろい指摘をしているので、ご紹介しましょう。

　レイリー卿は、メイドが紅茶の入ったカップをソーサーにのせて運ぶ際にカップが滑ったのを慌てて止めようとしてソーサーを傾け、紅茶をこぼすところをしばしば目にしました。このとき、レイリー卿は紅茶がこぼれてカップの底が濡れると今度はカップが滑りにくくなることに気づきます。そこで、この謎を解明すべく、摩擦角を測定する実験をおこないました。先ほど紹介した方法と同じようにソーサーの上にカップを乗せ、ソーサーを少しずつ傾けてカップが滑りだす角度を測定したのです。

　その結果、カップとソーサーの接触する面が乾いた状態よりも濡れた状態の方が、摩擦角が大きくなることが確かめられました。つまり、たしかにソーサーが濡れた方が滑りにくくなったのです。後の研

究者がこれと同じ実験をおこなった結果では、摩擦角はそれぞれ、カップとソーサーが乾いた状態で約10度、水で濡れた状態では約22度、お湯で濡れた状態では約28度ということが分かりました。乾いた状態とお湯で濡れた状態では、なんと18度もの

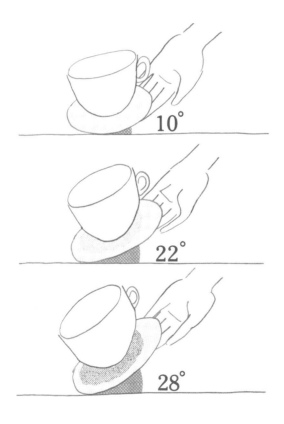

ソーサーが濡れた状態の方が乾いた状態よりカップが滑りにくい

差があったのです。

濡れると滑りやすい？
滑りにくい？

　なぜ、ソーサーが濡れると滑りにくくなるのか、これは簡単なようで難しい問題です。ふつう水で濡れた床は滑りやすくなります。雨の日に滑りやすい靴を履いて、つるんと尻もちをついた経験がある人もいるでしょう。日常で体験する摩擦の多くは、ものの表面の凸凹が原因です。濡れると表面の凸凹が水で満たされ、液体である水の方が固体である地面よりも動きやすいので、摩擦が減って滑りがよくなるのです。濡れたお風呂場の床が滑りやすいのも納得ですね。

　カップとソーサーが濡れると滑りにくくなった現象についてレイリー卿は、結局その理由はよく分からなかった、と1918年に論文の冒頭に書いています。実に真摯な方ですね。このように前置きしつつも、レイリー卿はカップの底やソーサーの上には油分が付着していて、それが滑りやすさの原因となっているのではないか、熱い紅茶がこぼれることでその油分を洗い流してくれるから滑りにくくなるのではないか、と推測しています。

ハーディの発見から凝着説の確立へ

　この推測はあながち間違っていませんでした。レイリー卿に続いた摩擦の研究者ハーディは、カップの底やソーサーの表面は分子1個分くらいの極めて薄い油（単分子膜といいます）で覆われていて、この被膜こそが摩擦を小さくする効果があるのではないかと考えました。これは、たいへんな発見でした。分子は極めて小さく、一般的な固体の表面にある凸凹の1000分の1程度の大きさです。つまり、どんなに小さな凸凹でも分子の1000倍はあります。分子1個分程度の極めて薄い油膜が固体の表面を覆ったとしても凸凹が滑らかになるとは到底考えられません。クーロンが唱えた、ものの表面の凸凹が引っかかることで摩擦が起きるとする「凹凸説」（→P79）では、濡れたソーサーが滑りにくくなった現象を説明できませんでした。

　しかし、もうひとつ摩擦の原因として考えられていた説がありました。分子同士が引き合う力によって、2つの物体の表面が引き寄せられ、動きにくくなるとする「凝着説」（→P80）です。これは同質の物質が触れ合うと、同じ種類の分子同士が引き合うため、摩擦が大きくなるという考え方です。ハーディは、カップとソーサーが油分に覆われることで、

つまり2つの物体のあいだに異なった種類の分子が存在することで、カップとソーサーの分子が引き合う力が弱まり摩擦が小さくなると考えました。そして、油分が洗い流されるとカップとソーサーの分子が引き合う力が強まり摩擦が大きくなると予想したのです。ハーディの推測は、凝着説を裏づける有力な根拠のひとつとなり、後の時代に凝着説はついに実験によって確かめられることとなりました。

カップとソーサーを覆う薄い油膜（黄色の線）が水で洗い流されることで、カップとソーサーの分子（赤丸）が引き合い、滑りにくくなる

　手で触れただけでも食器には手の油分がつきます*。イギリスでは食器を洗うときに洗剤を入れたお湯につけて引き上げた後そのまま拭くだけという人も多く、レイリー卿のエピソードでは、油分と同じく滑りやすい洗剤が残っていた可能性もあったのではと個人的に推察しています。このように濡れると滑りやすくなるのか、滑りにくくなるのかは難しい問題です。それは、繰り返しお話しているように、摩擦

の原因はひとつではないからです。ものは摩擦が小さいほど楽に動かせますが、ソーサーやおぼんのように摩擦が大きくないと困る道具もあります。道具のブツリというのは一筋縄ではいかないのです。

（註*）ブツリの実験の際に化学室のビーカーを借りたとき、お湯を入れただけで汚れていないからと乾かしてそのまま棚に返そうとしたら、「持っただけでも手の油がついているので、洗います！」と実験助手さんにいわれたことがあります。化学の実験では、油分は使用する薬品に影響してしまうため、しっかり洗剤で洗い乾燥機で乾燥させているのです。

砂の摩擦角が山の傾斜を作る

　日本各地には「〜富士」と呼ばれる山が多くあります。

どれも成層火山と呼ばれる、火山の噴火後に長い年月を

こうした名前がついたのだと思われます。どうして富士

　これには山を形作っている砂同士の摩擦角が関係して

砂同士の摩擦角は、おぼんに乾いた砂をまんべんなく接

おぼんを傾けたときに砂が滑りだす角度で求めることが

摩擦角を測定したら、その測定した砂で砂山を作ってみ

砂山の斜面は必ず砂同士の摩擦角以下の角度に収まるは

超えた分の砂は滑り落ちて、結局は摩擦角と同じ傾斜の

　粒の大きさや形状にもよりますが、砂同士の摩擦角は、

富士山の裾野から山頂にかけての傾斜はどんぴしゃ28度

各地の「〜富士」の傾斜も、その土地の砂や土の成分、

だいたい27〜29度の傾斜に収まることが多いと思いま

　ただし、火山の噴火以外の原因でできた山は、これに

28°

て現在の形になった山で、富士山と形が似ていることから、

似た傾斜の山が多いのでしょうか。

す。

、その上にさらに砂をまいて、

ます。

ださい。

す。摩擦角を超えた角度で積み上げたとしても、

ができあがります。

29度くらいです。

。

含まれる水分も関係するのでしょうが、

さしくこんなところにもブツリですね。

はまりません。

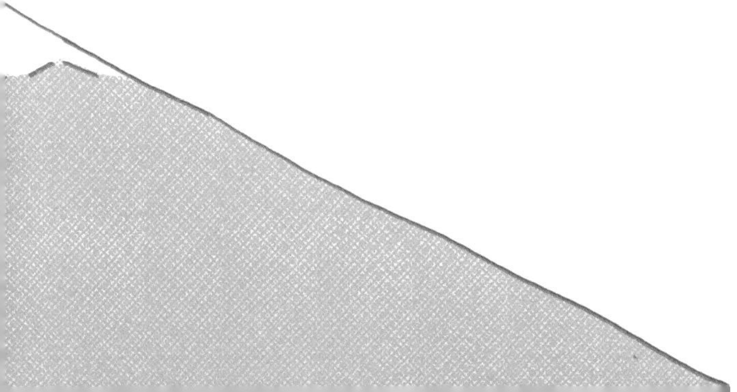

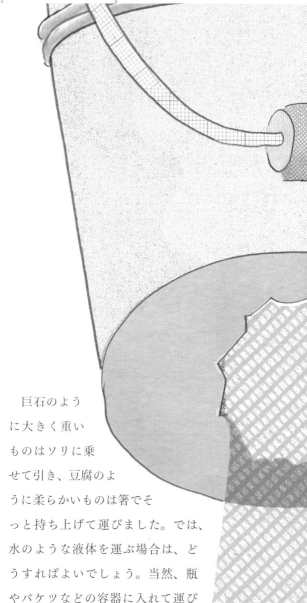

巨石のよう
に大きく重い
ものはソリに乗
せて引き、豆腐のよ
うに柔らかいものは箸でそ
っと持ち上げて運びました。では、
水のような液体を運ぶ場合は、ど
うすればよいでしょう。当然、瓶
やバケツなどの容器に入れて運び

ますね。古代ギリシャで水汲みに使用されたとされるアッティカ黒象式水がめには、大きな水がめを頭の上に乗せて水を運ぶ女性たちが描かれています。このように、形をもたない液体を運ぶための容器は、ある程度の深さと「底」が必要です。

水を運ぶのに底は必要？

　ここで想像してみたいのは、水を運ぶ容器の底に穴があいたらどうなるかということです。もしも水を入れたバケツの底に穴があいたら、水は重力に従ってどんどん落下し、あっという間に容器は空になるでしょう。では、容器の底に穴が空いていたら水は運べないのかというと、そうとばかりは限らないのが本章の話題です。

　底に穴が空いていても運ぶ道具として立派に活躍しているものがあります。ピペットです。小学校や中学校でピペットの扱いに苦労した覚えのある人もいることでしょう。スポイトといった方が聞き馴染みがあるかもしれません。液体を計測するために使われる実験器具をピペット、液体を吸い上げるしくみや空気をためるふくらみの部分をスポイトと呼ぶことが多いようです。まずは吸い上げた液体を落とさず運ぶスポイトのしくみに着目してみましょう。

　スポイトといえば、スポイト球と呼ばれるゴムでできたキャップをはめたものや、空気をためるふくらみと筒が一体化したタイプをよく見かけます。いずれも先端の穴以外は、空気が出入りできる隙間はありません。スポイトの先を下にしても中の液体が落ちないのは、この"先端の穴以外は閉じられてい

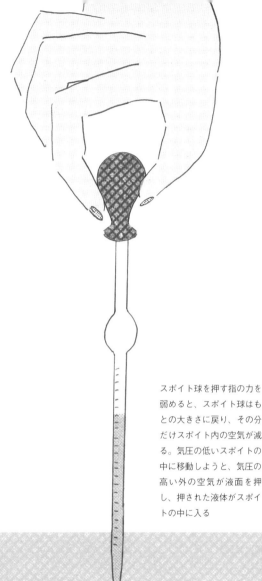

スポイト球を押す指の力を
弱めると、スポイト球はも
との大きさに戻り、その分
だけスポイト内の空気が減
る。気圧の低いスポイトの
中に移動しようと、気圧の
高い外の空気が液面を押
し、押された液体がスポイ
トの中に入る

る"状態に秘密があります。

見えない力のつり合い

　私たちの周りには空気が満ちていて、身の回りのものは大気圧によって均等に押されています。スポイトは、この空気の力を借りて吸い上げた液体を落下させることなく運んでいます。大気圧を利用しているという点でいえば、吸盤と同じ発想です。

　まず、スポイト球のふくらみを指で押しつぶして中の空気をいったん外に押しだし、その状態のままスポイトの先を水の中に入れます。指の力をゆるめると、スポイト球のふくらみはもとの形に戻りますが、スポイトには先端の穴以外に空気が出入りできる隙間はないので、ふくらみの中の空気は減って、スポイトの内と外では気圧の差が生まれます。スポイトの中は気圧が低く、外は気圧が高い状態のため、大気圧に押された水がスポイトの穴から中に入ってきます。そのままスポイトを空気中に持ち上げても、吸い上げた水が穴から滴り落ちることはありません。これは「力のつり合い」で静止している状態です。

　どういうことかというと、スポイトの中に残る空気の圧力と重力によってスポイト内の水は下向きに押されています。いっぽう、大気は気圧の低いスポイトの中に入ろうとスポイトを四方八方から押して

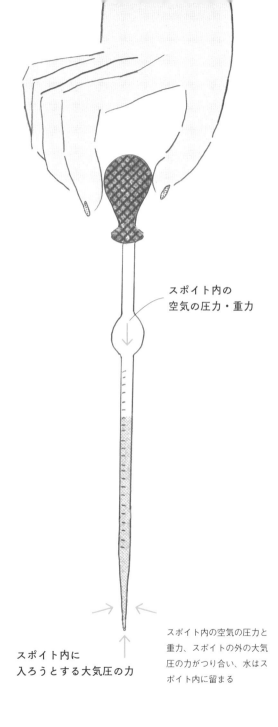

スポイト内の
空気の圧力・重力

スポイト内に
入ろうとする大気圧の力

スポイト内の空気の圧力と
重力、スポイトの外の大気
圧の力がつり合い、水はス
ポイト内に留まる

いるので、スポイトの先端付近では上向きの大気圧の力がかかります。この下向きの力と上向きの力がつり合うことで、水は落ちることなくスポイトの中に留まっていられるというわけです。重力に逆らって宙に浮かんでいるように見える水は、実は目に見えない大気圧に支えられていたのです。スポイト球のふくらみを指で押せば、下向きの力が勝って水は外へと押しだされます。

空気の力で運んだり、測ったり

　スポイトのしくみは、空気をためるふくらみの部分こそが要だと思われがちですが、ふくらみがあってもなくてもはたらきます。たとえば、筒状のストローもスポイト代わりになります。

　水が入ったコップにストローをさして、飲み口を指で押さえた状態でストローを持ち上げてみてください。吸い上げた水は下に落ちず、そのままどこへでも運ぶことができます。ストローの中の水は本来なら重力に引かれ落ちていくはずです。しかし、ストローの飲み口をぐっと指で押さえたことでスポイトと同じ"空気の出入りがない状態"が生まれ、ストロー内の気圧がぐっと低くなります。こうして、ストローを水から引き上げた後も、大気圧によって下から押さえられた水はストロー内にとどまっていら

れるのです。

　今度は、飲み口を押さえていた指を離してみましょう。飲み口から空気が入った瞬間、ストロー内も外の気圧と等しくなるので、下から水を支えていた大気圧の力は失われ、水は重力に引かれて落ちていきます。

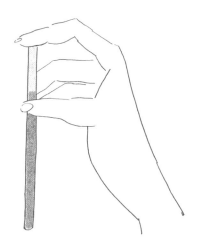

　今でこそ正確な計測が必要なときには、プッシュボタンで操作できるピペッターが使われていますが、昔はふくらみのないストロー状のピペットが主流でした。このタイプのピペットは、筒の上の穴に直接口をつけて薬品を吸い上げ、指で上の穴をふさぎます。それから目盛りを見ながら、押さえた指をゆるめて少しずつ中の液体を流しだし、必要な分量を量り取っていました。

しかし、この方法では薬品を誤飲してしまう危険がありました。そのため、明治時代にはコレラ対策として上部にゴムキャップのふくらみをつけたピペットが、「駒込ピペット」という名で世界に広められたのです。今日学校でおもに使われているのも駒込ピペットです。

　薬品の計量だけでなく、デギュスタシオン（利き酒）のために使うピペット、ウイスキーに1滴の水を落とすためのウイスキーウォータードロッパーも、ピペットの原理をたくみに利用しています。実験用のピペットとは違って、ガラスで作られていたり、指で押さえる部分に天使や花などの飾りがついていたりして、その優雅さに目を奪われます。

　ブツリの原理を活用すれば、ストローのような1本の筒であっても「液体を運ぶ道具」に姿を変えます。目に見えない軽い空気が液体を運んでいると思うと、ワクワクしますね。

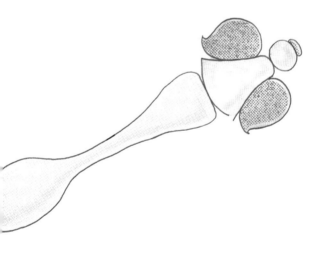

あとがき

　今、私の目の前には1枚の皿があります。浅緑色と銀色の花柄で縁取られたフルーツボウル。欧州の某有名陶磁器店で、かれこれ40年ほど前に一目惚れして買った一品です。そういうと、なにやら大層なものに聞こえますが、実際は貧乏旅行の学生には到底手が出ないディナーセットの1枚。どうしても欲しくて、交渉して無理やりバラ売りしてもらった覚えがあります。1枚ゆえに初めこそシリアルを盛ったりしていましたが、やがて水を張って花を飾るようになり、さらにはポプリやビー玉を入れて出窓に置いたり、そのうち絵の具を溶く水入れに進化し、最終的に猫の餌皿として活躍しています。

　猫皿と化しているのは、ちょっと値の張るフルーツボウル。これは本来の使い道ではないかもしれませんが、この本の視点からすれば、ごく当たり前の姿になります。この皿は磁器ですから、硬度があるので中身にかかる重力を支える抗力があり、熱にも耐え、深底の形状ゆえに中身が溢れにくく、質量があるのでひっくり返りにくい。そんな具合に科学の視点で見ると、それぞれの容れ物には共通するブツリの特徴があり、さまざまな用途には共通したブツリ現象が隠れていることが分かります。

　ところで本書では、現代社会を支える電気を用い

た道具については、1章の「扇風機」と2章の「端子」以外ではとくに触れていません。それには理由があります。限られた紙面の中で道具のブツリを語るとき、電気は最も基本となる存在ではないと考えたからです。

　古典『かぐやひめ』の冒頭では、竹取翁がしなやかで強靭、そして変形可能な竹を「萬のことに使いけり」とあります。竹は、当時としては素晴らしく有用な、そして基本的な素材だったことでしょう。ひるがえって現代では電気もまさに八面六臂(はちめんろっぴ)の活躍をしています。磁場をまといながら導体を伝わり、コイルなどの形状次第では道具に動きを与えることができます。電波・熱・光といった電磁波に変えることや、電気分解などの化学変化を起こすことも可能です。まさに萬のことに使えるのですが、電気を用いた道具も最小部品にまで解体してみれば、そこにあるのはシンプルな重力と自然界の電磁気力による基本的なブツリ法則です。

　本書は一見古典的で、電機産業やIT産業には無関係にみえるでしょう。しかし、この本でお伝えしたような基本的なブツリを知ることは、電気製品を含む、すべての道具に隠れているブツリを解体し読み解く鍵となるはずです。

取り上げた道具は、どれも毎日お世話になっているものばかりです。あまりに身近にあり過ぎて、ぞんざいに扱うこともあるかもしれません。しかしながら、この本を読んでいただくことで、改めて道具のありがたみ、先人たちの知恵、そしてブツリについて少しでも考えていただけたらと思います。本書が、長年使い込んだ道具や愛用品、今後生みだされるかもしれない新しい道具に対する理解の一助になれば幸いです。

　最後になりましたが、本書が完成にこぎつけられたのは、魅力的な絵やデザインで面白みにかけるブツリの世界を彩ってくださったイラストレーターの大塚文香さん、デザイナーの宮古美智代さん、うるさい私たちふたりを相手に格闘してくださった編集者の平野さりあさんのご尽力の賜です。深く御礼申し上げます。

結城千代子

田中 幸 (たなか　みゆき)

岐阜県生まれ。東京都在住。上智大学理工学部物理学科卒業。慶應義塾高校、都立日比谷高校、西高校などの講師、晃華学園中学校高等学校理科教諭を経て、現在、桐蔭学園高等学校講師。東京書籍中学理科教科書執筆委員。NHK高校講座「物理基礎」制作協力。

結城 千代子 (ゆうき　ちよこ)

東京都生まれ。東京都在住。上智大学理工学部物理学科、国際基督教大学大学院、筑波大学大学院を経て、埼玉大学、昭和大学で物理講師を務める。その傍ら、多賀二葉幼稚園に関わり、晃華学園マリアの園幼稚園長も務めた。現在、上智大学理工学部非常勤講師。東京書籍中学理科、小学校理科、小学校生活科教科書執筆委員。元NHK高校講座「物理基礎」講師。

＜ふたりの活動と共著書＞

2000年度より親子で理科を楽しんでもらう活動「ママとサイエンス」を共同で企画運営。その一環として、『ふしぎしんぶん』を毎月発行。幼児対象の科学遊びを実施。またテキストや子供用読み物冊子を制作。

絵本『くっつくふしぎ』（福音館書店）、『みいちゃん、どこまではやくはしれるの？』（フレーベル館）、『絵図解　輝くなぞ（光のふしぎ）』他同シリーズ2冊（絵本塾出版）。

小学生向けに『新しい科学の話　1〜6年生　全6巻』（東京書籍）、『まんがで攻略　理科っておもしろい〜重力のふしぎ〜』（実業之日本社）、『科学のタネを育てよう（1）蛇口に見えるシッポのなぞ』（少年写真新聞社）他。

大人向けに『探究のあしあと　霧の中の先駆者たち―日本人科学者―』、（東京書籍）、ワンダー・ラボラトリシリーズ『粒でできた世界』『空気は踊る』『摩擦のしわざ』『泡のざわめき』（太郎次郎エディタス）他。

また訳書として、家庭で楽しむ科学のシリーズ『やってみよう天文』著ジャニス・ヴァンクリーブ他同シリーズ2冊（東京書籍）がある。

大塚文香 (おおつか　あやか)

イラストレーター。1989 年滋賀県生まれ。京都精華大学デザイン学部卒業。書籍や雑誌のイラストレーションを中心に活動中。2020 年 HB Gallery File Competition vol.30 永井裕明賞受賞。

参考文献

米沢富美子　総編集『人物でよむ　物理法則の事典』
朝倉書店／ 2015

金沢工業大学ライブラリーセンター「工学の曙文庫」
http://www.kanazawa-it.ac.jp/dawn/main.html

田中美知太郎　責任編集『世界の名著 8　アリストテレス』
中央公論社／ 1972

豊田利幸　責任編集『世界の名著 21　ガリレオ』
中央公論社／ 1973

野田又夫　責任編集『世界の名著 22　デカルト』
中央公論社／ 1967

河辺六男　編集責任『世界の名著 26　ニュートン』
中央公論社／ 1971

フリードリヒ・ダンネマン著　安田徳太郎訳
『新訳　ダイネマン大自然科学史 5・6』三省堂／ 1986

伊平保夫　編集代表『話題源 物理』東京法令出版／ 1987

マックス株式会社 HP　https://www.max-ltd.co.jp/

テルモ株式会社 HP　https://www.terumo.co.jp/

道具のブツリ

2023 年 7 月 30 日　初版第 1 刷発行

文　田中幸　結城千代子
絵　大塚文香

装丁　宮古美智代
協力　笠耐　矢作ちはる（ワタリドリ製作所）
編集　平野さりあ
印刷・製本　シナノ印刷株式会社

発行者　安在美佐緒
発行所　雷鳥社
〒 167-0043　東京都杉並区上荻 2-4-12
TEL 03-5303-9766
FAX 03-5303-9567
HP http://www.raichosha.co.jp
E-mail info@raichosha.co.jp
郵便振替　00110-9-97086

ISBN 978-4-8441-3794-8　C0042
©Miyuki Tanaka/Chiyoko Yuki/Ayaka Otsuka/Raichosha 2023 Printed in Japan.